人新世の科学
——ニュー・エコロジーがひらく地平

オズワルド・シュミッツ Oswald J. Schmitz
日浦 勉 訳

岩波新
1922

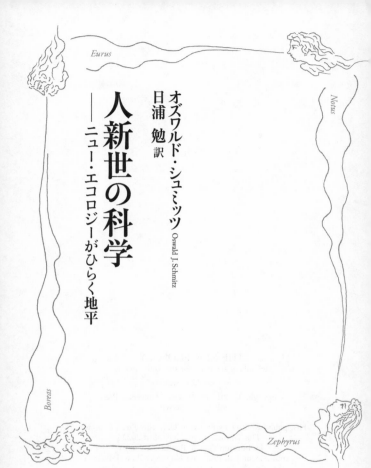

THE NEW ECOLOGY

Rethinking a Science for the Anthropocene

by Oswald J. Schmitz

First published 2017 by Princeton University Press, Princeton.
This Japanese edition published 2022
by Iwanami Shoten, Publishers, Tokyo
by arrangement with Princeton University Press, Princeton,
through The English Agency (Japan) Ltd., Tokyo.

日本語版への序文

私が本書の執筆を始めた２０１４年には、科学者たちがすでに、私たちが「人新世《じんしんせい》」（アントロポセン）と呼ばれる新たな地質学的時代に入ったと宣言していました。これは文字通り「人間の時代」であり、人類はその近代史において、「大いなる加速」としか言いようのないほど急速かつ圧倒的に地球を変化させてきました。この広範囲にわたる地球の変化は、天然資源の採取、農業を支えるための野生の土地の管理、都市および都市周辺の人為環境の発展によってもたらされました。

多くの人は、「人新世」とは極度に温暖化した地球の景観の大半が破壊され、種が絶滅して、地球の持続可能性が失われるという暗い未来を予見しています。

私は生態学者として、人類が自然界の支配者となり、生態系、ひいては私たちを含む地球上のすべての生命の運命を決定づける存在となったことを十分に理解していました。しかし、暗い未来が私たちの運命である必要はないとも感じていました。人間が自然界とどのように関わっていけば、地球の環境機能を維持・向上させ、地球上のすべての生命にとって持続可能な未来を確保できるかについて、進化した生態科学が新たな理解をもたらしていることを私は知っていました。したがって、この本を書くにあたっての私の目標は、人新世における惑星の持続可能性の課題に取り組むために、生態科学がどのように生まれ変わってきたのかを伝えることでした。

私の目的は、人類の失敗とそれが引き起こす持続可能性の問題を論じて絶望を助長するのではなく、人類が持続可能性の問題の解決策を見出すために使用できる科学的原則を論じることで、未来への希望を与えることでした。本書では、持続可能な未来を考えるためには、私たちが自然という壮大な経済を支えている有限サイズの惑星に住んでいるということを根本的に理解する必要があると説いています。自然の経済は、テクノロジーではなく、技術的に代替不可能な植物、動物、微生物の驚くべき多様性によって永続的に維持されています。

この生態学の新しい考え方では、私たちは自分たちを自然から切り離すのではなく、この壮大な経済の一部として捉える必要があります。経済の一部であるということは、有限の惑星において、いかなる天然資源や土地の需要が増加しても、私たちがこの惑星を共有している何百万もの他の種が必要とする資源や空間が奪われるということを根本的に理解する必要があります。このように、地球の持続可能性を実現するためには、人間(社会)と自然(生態)が、それぞれの部分が他の部分に完全に依存して存在している「社会‐生態システム」として絡み合っていることを再認識する必要があります。

社会‐生態学的な持続可能性を実現するためには、生態系の資産管理(スチュワードシップ)という新たな倫理観が必要となります。生態系スチュワードシップ倫理とは、人間がお互いに義務を負っており、それは自然界の人間以外の種との相互関係を介したものであるという考え方です。生態系スチュワードシップは、あらゆる場所で環境機能を継続的に向上させ、種の維持、天然資源と生態系サービスの生産を可能にすることを目指しています。これは、最も離れた原生地域から最も近い都市部まで、すべての場所を、それぞれがより大きく統合された自然経済の一部である、さまざまな形態の自然として再考することを意味します。

本書では、持続可能な未来への道を切り開くための生態系スチュワードシップの指針となる、刺激的な科学的発見と理解を描いています。この本は、人間を含む自然の経済がどのようにして維持されるのかを説明するだけでなく、その知識を使って、自然から触発された産業‐生態系システムや都市の生態域を設計するための指針を開発する新しい考え方を提供しています。

しかし、これらすべてを効果的に適用するためには、市民が関心と責任を持って、自らの選択が地域やその他の環境にどのような影響を与えるかについて科学的な情報を得られるようにすること、そして重要なことは、有害な影響を回避する方法で選択を調整する、効果的な解決策を開発することが生態学者に求められています。したがって、新たに生まれ変わった生態学は、現在の科学‐政策アプローチで慣例となっている高度に技術的な科学的方法だけでなく、むしろ説得力があり、より多くの市民が参加できる方法で、自然についての理解を提示するという新たな責任を負うことになります。なぜなら、生態系のスチュワードシップは、人々が自分自身で、あるいは人間の社会システムを構成するコミュニティやその他の組織の一員として互いに協力し合い、環境の持続可能性を促進するための科学的情報に基づいた意思決定を行うという、共通の責任を負って初めて成功するからです。

本書は、まさにそのために書かれたものです。さらに、この本が提供する指針は、私がこの本を書き始めた頃と同様に、今日の問題に関連しています。世界中の市民が、地球上のすべての生命にとって明るく公正な環境の未来を見たいと願うようになっていることを考えれば、なおさらそうでしょう。

この日本語版に期待することは、私がこの本のオリジナル版に抱いた期待と全く同じです。その願いとは、原書のまえがきに書かれている「自然界の神秘についての根本的な理解とその魅力を、本書を通じて理解してくださること」です。しかしそれ以上に、「私たち一人一人が日々の生活の中で自然界とどのように関わっているのかをより深く考え、自分の価値観や選択が持つ大局的な意味を考えるためのインスピレーションや理解を提供したい」と考えています。

2021年11月　米国コネチカット州ニューヘイヴン

オズワルド・シュミッツ

まえがき――人新世の科学

生態学の大学教授として、私は自然を研究し、学んできたことを教えている。ほとんどの講義は大学で行うが普及啓発のためにさまざまな同好会や会合で話をすることもあり、そんな時はとてもやりがいを感じる。趣味を仕事にしているので、大学教授であることはとても幸せだ。一生続く好奇心に突き動かされ、長い長い時間研究に没頭し、あきれるほど魅惑的に働く自然のさまざまな仕組みと、人間とそのニーズや欲求がどのように結びついているかを探究することができる。一方で私たち大学教授は現在や未来の世代に新たな知識を教えることに、極めて大きな責任を負っているとも感じる。生態学への興味を喚起させる知識。彼らが知の松明を自ら手に取ってその火で照らすことで知識を豊かにし、持続的な(サステイナブル)生活を社会が達成する手段についての知識。私たち大学教授の多くは、個人的な倫理観に加え、社会による投資に見合ったものを還元すべしという暗黙の、しかし重要な社会の契約を守る義務の感覚に基づいて研究をしている。私たちは科学者として、社会の信頼に応えるため環境問題解決のためになる知識と活動を最大限に押し進めることで、人類に利益をもたらすと同時に自然環境を回復させるため懸命に努力しているのだ。

これらすべての過程において、人々の社会的立場によって、生態学のとらえかたが異なることに気づくことがあった。生態学がいかに社会の役に立つかへの理解もまたさまざまだ。本書は、現代の生態学とは何か、この社会に存在する科学と自然への異なった見方にいかに語り掛けるか、そしてこの地球上のすべての生命の健康と幸福を支えるための生態学の新たな進歩について、プロの生態学者として幅広い読者に説明するための試みである。

現代の生態学——すなわち本書で述べる「ニュー・エコロジー」——とは、社会に影響を及ぼす生命科学のフロンティアを生態学者が拡張してきた成果だ。生態学者は、人間が自然に対して抱いているさまざまな倫理観と、生態学と進化生物学に根ざした科学的な見方とを和解させ、ひょっとすると調和させさえする方法を提案できるようになった。自然を永続的な生態-進化学的な創造の過程の現れとみなすべきだという、新しい世界観を生態学者は受け入れるようになったのだ。この過程は、変化し続ける世界で持続可能性を維持するために必要な回復力(レジリエンス)をもたらす。単に自然の創作物(例えば、現存する種の多様性)の素晴らしさに感嘆したり、記述したりするだけではなく、それらの創造的な過程に焦点を当てる研究から、最も深い啓示がもたらされる。この新しい世界観は、人間以外の生命に適用されるべき倫理的な資格に、とりわけ地球上の生物の人為的な管理と保全に関して、影響を与えるのだ。

本書の目的は、何よりもまず、生態学が自然界の謎を解明するための科学であることを示すことだ。生態学は、なぜ多様な種が地球上のさまざまな場所に生息するのか、なぜある種は非常に個体数が多いのに別の種はそうでないのか、そして環境条件や相互作用がどのように生態系の機能を制御しているのかを説明しようとしているのだ。

そのために生態学は、個々の生物の遺伝子構成と生理機能が、どのようにその環境の化学的、物理的な気候条件や変化に対処するための能力を決定しているのかという複雑な問いに挑むのである。生物が生き残り、成長し、繁殖するために努力し、限られた資源を巡って争ったり、他の生物のための資源になること、つまり食べられることを避けるためにさまざまな行動をとったり生存のための機能を発達させたりする方法は、そのような複雑さと関連している。また、生態学は生物がどのように他の生物との消費的、競争的、協力的な関係を介して群集に適応するかをも明らかにする。こうした相互依存関係が、物質やエネルギーの流れ、食料の生産、栄養素の再利用など——これらはすべて生態系の機能を決定づけるものだ——にどのような影響を与えているかを追跡し、そして、広い景観の中での生物や物質、エネルギーの流れを明らかにする。生態学は、自然の複雑さを解明し、畏敬の念をかき立てる科学なのだ。

ほんの50年前までは、人間とその影響がほとんど存在しない広大な原生地域で、こういった生態学的研究にキャリアを捧げることができた。その結果、生態学分野において事実上人間と自然が離れて存在しているという、言ってみれば人間／自然の分裂のような世界観が生まれてしまった。しかし、現在では人間の数とその世界的な広がりは非常に大きく、自然は人間の影響を受けないという考えはもはや維持しがたい。原生地域はまだ存在しているが、人間が地球のすべての空間を支配するようになったことで、自然は断片化してしまっている。また、急速な技術開発に伴う天然資源の消費の増加は、地球を大きく変えてしまった。現在、地球の生態系がその機能を維持するための能力がますます低下していることが懸念されている。

ニュー・エコロジーとは、人間による地球支配の拡大に直面する、それゆえに人新世（アントロポセン）と呼ばれる新しい時代において、人間と自然の分裂を克服し、生態系の機能を維持する問題に取り組むことを目的とする学問である。生態科学は、人類のニーズや欲求を支えている自然の生態系機能を脅かすことなく、急成長する人口のニーズや欲求を満たすために拡大している人類の事業を導く、指導的役割を担う。生態学は、変化し続ける世界の働きをよりよく説明するために、常に新しい概念や理論を発展させており、科学は、活力と今日的な意義とを保つためにこうしたことを続けなければならない。社会‐生態システムと呼ばれる機能的なシステムを形成するように、いかに人間と自然とを結びつけるかを考え直し、人間の研究（経済学、人類学、政治・社会科学、宗教・倫理学）と自然の研究を統合するための創造的な方法を見出して社会‐生態システムを持続可能なものにすることを意味する。これらはつまり、生物種が長期にわたって自身の機能を果たせる状態を作ることで、人間の開発に直面しても生物や生態系が自身の生産性を保ち続ける能力を保護することを意味しているのだ。

本書は、持続可能な世界の実現を促進するために、人間が自然を尊重しながら関わるための新しい考えや方法を研究している科学分野の姿を示し、人間の価値観や選択が、生態系の姿と機能にどのような影響を与えるかも述べる。人間が健康と生活を維持するために依存してきたおびただしいサービスを、生物種が、とりわけその機能を通じていかに提供しているかも明らかにする。生活を支えるために、さまざまな方法で自然を利用する際の費用と便益を秤にかけたとき、人間が直面する倫理的な難問に取り組んでいく。世界のある場所で自然を利用するという選択が、世界の反対側にどのように影響するかも明らかにする。また、持続可能な都市システムや産業システムに移行するために、人間が科学的な原理を用いて、自分たちの手で新しい「自然」を構築する方法についても論じていく。最終的には、社会‐生態システムの一部としての人間が、持続可能な生活の促進に貢献する賢明な管財人となるために、科学的原理をどのように利用できるかを示したい。

私の願いは、読者が自然界の神秘についての根本的な理解とその魅力を、本書を通じて理解してくださることだ。私たち一人一人が日々の生活の中で自然界とどのように関わっているのかをより深く考え、自分の価値観や選択が持つ大局的な意味を考えるためのインスピレーションや理解を提供したいと考えている。

確かなアイディアの土台を築くためには歴史的な背景の解説が必要だとはいえ、本書は、地球環境問題を予測し解決するための科学として生態学がどのように成長しているのかを伝えることが前面に出ている。〔そのため歴史にはあまり触れていない。〕ニュー・エコロジーは、人類のために、そして地球を共有する数百万から数千万の生物種のために、人間が環境のよりよい管財人になるための科学的な手段とやり方を提案するのだ。

この本は、友人や同僚の助けがなければ、このようにまとまることはなかっただろう。何よりも、「大学教授とは違う」ものの言い方を見つけるため、励まし、指導してくれた編集者のアリソン・カレットに感謝する。事実関係を正し、専門家ではない読者に正確に伝わるよう、いくつかの章について議論をし、意見を寄せてくれた、シャヒッド・ナイーム、レイド・リフセット、メアリー・エブリン・タッカー、アダム・ローゼンブラット、ローレン・スミス、ロブ・バッコウスキー、ジュリア・マートン゠レフレ、アン・トレイナー、そして特に妻のレスリー・シュミッツに感謝する。最後に、自然経済の持続に純粋な関心を持ちながらも、その複雑さを理解することができず、また、世界を持続可能な場所にするために、生活の一部を使って何ができるのかわからず途方に暮れている私の家族や友人たちに感謝する。私がどのよう.な仕事をしていて、それが自然界との関わりをより深く考える際にどのような手助けになるのかについての本を書くよう、常に勇気づけてくれた。

目　次

第1章　持続可能性への挑戦

「北」の眺め――サケか、鉱脈か

北という言葉はいつも私を魅了してきた。遠く離れた野性的な土地を意味し、太古の昔から変わらぬ美しさを持っている。そのような場所といえば、雪をかぶった山々、透き通った水、青々とそびえ立つ常緑樹など、息をのむような絶景が広がるアラスカのブリストル湾地域がすぐに頭に浮かぶ。クマ、オオカミ、クズリなどの大型肉食動物が広大な土地を自由に歩き回り、ヘラジカやカリブー〔トナカイ〕、ハクトウワシ、数え切れないほどの水鳥を頻繁に見ることができる。この地は、地球上で最大のサケの遡上地として知られている。5種のサケがこの地域の源流を産卵床として利用しており、それは絶滅の恐れのない世界で最後の場所である。毎年、4000万匹以上のサケが、この地域の源流に産卵のために海から遡上してくるため、この地域の川を真っ赤に染め上げる。このように回遊してきたサケはシャチやアザラシ、トドを海中で支えるだけでなく、死んだり死にかけたりしたサケは、この地域の流域の生態系を構成する多くの植物や動物種を支える重要な栄養分を供給している。

ブリストル湾地域は、金と銅の鉱脈と、ステンレス鋼の合金を強化する耐熱性の高い金属であるモリブデンを含む地層でも知られている。これらの金属鉱床は、サケが使用する源流の真下にあり、採掘された場合、米国の銅と金の在庫を2倍にすることができるほど莫大なものである。これらの金属は、世界経済のハイテク製造部門を支えている。金はコンピュータや携帯電話などの現代の電子機器の重要な要素である。銅は、電力系統の配電システム、住宅の配線や電子機器、あらゆる種類の機械を動かすモーターに電気を通すために使用されている。モリブデンは、外科手術や医療機器、化学薬品や医薬品の製造に使用されるステンレス鋼の不可欠な構成要素である。

この保護区を採掘したいという欲望は、多くの不安と反発につながっている。議論の中心は、このような象徴的で神秘的な場所を利用することの是非にある。一方では、この鉱物資源を利用することで、革新的な製品や雇用を含む技術経済が活性化するという論調がある。一方の反論は、鉱業活動がこの原生地域を急速に大規模な工業団地へと変貌させるのではないかという懸念である。これは、サケに食料を依存している鳥類や哺乳類とともに、サケを絶滅に追いやるような有毒な荒れ地になる危険性を孕んでいる。この問題は、地元だけでは解決できないという事実によってより複雑になっている。たとえ私たちがこの辺境の地を直接見ることがなかったとしても、最新の携帯電話やコンピュータ技術を欲しがったり、最先端の医療を望んだりする人は、事実上誰でも、知らず知らずのうちに、その鉱物の開発を奨励することで、この地の運命を決定することに参加していることになるだろう。採掘の悪影響がほとんどの人に直接害を及ぼすことはないので、このことはほとんど理解されていない。しかし、大規模な原生地域を改変したり破壊したりした場合、その影響は回り回って人類に影響を及ぼすことがある。これらの原生地域は、種や生態系の機能を支えることで、地球規模の炭素循環や気候などの重要な地球システムの過程を調整する上で重要な役割を果たしているのである。

この問題は、人類が世界中でますます直面するようになる、自然をめぐるある種の綱引きを象徴している。この問題は、その判断を助けるための生態学がますます求められているさまざまな問題の代表的なものである。しかし、この問題は人間の価値観の衝突によって複雑になっている。自然の荒々しさを抑えたり手なずけたりして利用したいという強い衝動に駆られ、そのような考えが人間の経済的な健康と幸福に役立つと合理化する人もいれば、人間の手が加えられていない原始的な威厳と神秘性を現す自然の荒々しさを崇拝する人もいる。いずれにしても、一般的に人類は自分自身が自然の一部であるとは考えていない。実際、自然界を構成する他の生物と並んで、人間が自然界の内部で共有の役割を果たすことを想像することは難しい。ある人にとっては、そんなことをするのは野蛮なことだと思われるかもしれない。野生の動物や植物は自然界に生息しているので、自然界の一部になることは、一見原始的な生き方に戻ることを意味する。別の考え方を持つ人にとっては、原始的で神秘的な場所を侵すようなものである。

いずれにしても、私たちは事実上、人間と自然の分水嶺を作ってしまったのである。私たちは、自分たちの目的に合わせて多くの自然地域を改変し、支配している。経済と商業の利益のために、私たちは食料供給を強化し、鉱石や金属を抽出し、エネルギーや建築材料を生産し、野生の捕食者や病気などの天敵からの危険を減らすために、景観や生態系を改変してきた。私たちはいくつかの自然空間を保全のために管理された保護区や保護地域に設定している。しかし、これらの空間の多くは、かつての広大な空間の断片にすぎない。地球上に残されている場所のうち、人間の手による影響を受けないものはますます少なくなってきている。このことは、自然をどう見るかによっては、祝福する理由にもなるし、嘆く理由にもなる。それにもかかわらず、人間はこれからも自然を変えたい、支配したいという衝動に駆られ続けていくことを、歴史は何度も教えてくれている。何千年も前に社会が農耕生活に移行したとき、原野を農地に変え、その農地に灌漑用水を供給するためのインフラを構築した。何百年も前の産業革命の時代には、世界的な貿易や商業を拡大し、原生地域を利用して石炭や鉄鉱石、木材などの原材料を供給していた。それは、都市の成長と技術の進歩に伴って今日にも当てはまることである。

今後、人類はどのようにすれば、より思慮深く、持続可能な形で自然と関わることができるのだろうか？　生態系の観点から見ると、持続可能性とは、生態系が永続的に生産性を維持する能力を持つことを意味する。これは、植物や動物が生産的な状態を維持できるように、栄養素や水が植物や動物の生理的な要求を満たす割合で補充され、リサイクルされることを意味している。さらに、生態系の中に存在する種(微生物や動植物など、驚くほど多様な種)が、食物連鎖の相互依存的なメンバーとして機能的な役割を果たすことができるようにすることを意味している。もちろんその方法を決定するには、自然に対する人々の間の相反する価値観を調整しなければならない。しかし、これら無数の種の運命とその相互関係は、必然的にそのバランスにかかっているのである。生態学は、この人々の間の対立を調整するための補助的な役割を求められるかもしれないが、自然に対してどのような価値観を持つべきか、またどのような決断を下すべきかを人々に伝えることはできない。しかし、ニュー・エコロジーは、そのような価値観に基づいたさまざまな意思決定の選択肢が、生態系を構成する種やその機能にどのような影響を及ぼすかを科学的証拠を用いて明らかにすることで、人々に思慮深い行動を促すことができる。それによって、自然を維持するためのあらゆる決定が科学的に正当化できるようになるのである。

本書の目的は、現代の生態学が、21世紀、つまり人類の行動が世界を形成する主要な力となる「人新世」と呼ばれる時代に、いかにして持続可能性を支える科学に成長してきたかを示すことにある。これは、生態学の発展の速度を維持するために、自らを完全に変えなければならなかったと言うことではない。私は、生態学がそのルーツに忠実な科学であり続け、自然の内部の複雑な働きを理解しようと努力しながら、畏敬の念を抱かせるような自然の神秘と美しさを明らかにすることに根本的に専念していることをお見せしたいと思う。実際、生物の多様性——地球上の生命の多様性と変動性——が複雑さの中心的な要素であり、これが人の生活と幸福を支える重要なサービスを提供することで、人間が利用できる生態的機能において鍵となる役割を果たしていることである。しかし、今日と明日の問題に関連したものであり続けるためには、生態学は人間とそれ以外の生物がどのように共存するのかを再考し、自然の営みと人間の作り出した環境が共存できるようにするための科学とならなければならない。このように、私が説明するニュー・エコロジーは、人間の研究と自然の研究を統合する科学的な方法を策定することによって、社会が人間と自然の分裂を克服する助けとなるものである。人間の政治、文化、宗教、経済的な制度が自然の仕組みに影響を与え、かつ自然からのフィードバックが互いに関わり合いながら社会制度の変化を引き起こすという、一見分断された領域が実際には社会‐生態システムとして絡み合っていることを論じていく。これはすべて、自然は何らかの壮大なバランスの中に存在し、人間は昔からそのバランスを崩しがちであるという伝統的な見方を手放す必要があるということを意味している。これまでの生態学は、人間の存在の有無にかかわらず、自然がいかに絶え間なく変化しやすいか——環境作家のエマ・マリスの言葉を借りるならば、それは時に荒唐無稽なほど——を明らかにしてきた。生物は生理的、形態的、行動的な能力を絶え間なく進化させることによって、変化に対応する驚くべき能力を持っているのだ。この進化能力を維持することが、生態系の回復力を維持するために必要なこと、つまり、変化に直面してもその機能が持続することを意味している。しかし、読者は、自然の内部の働きを何も考えずに行われた人間の決断は、これらの進化的能力の限界を超え得ると理解することになるだろう。グローバルな貿易や商業によってますます相互に結びつきつつある現代世界では、ある場所での進化能力の喪失は、広範囲に及ぶ結果をもたらす可能性があることを論じていく。一方で、都市や産業のような人間が構築した環境の持続可能性を高めるために、社会の要求や自然への影響を軽減する方法に生態学的な原則をどのように新しいやり方で適用できるかについても焦点を当てる。

ニュー・エコロジーは、回り道をしてここにたどり着いたのである。生態学は20世紀初頭に正式な科学としてまとまった後、二つの大きな分野として発展してきた。一つは群集生態学として知られる分野で、生物の多様性と美しさを表現したヴィクトリア朝時代の自然哲学と、それらの生物がどのようにして生まれてきたのかを説明するダーウィンの進化論的な世界観から発展したものである。基本的には、競争相手や捕食者によって形作られた適応に基づいて、異なる種が地球上の異なる地理的な場所に存在している理由を説明することに専念していた。群集生態学者はまた、ある場所は信じられないほどの種の多様性と豊かさを保っているが、他の場所はそうでない理由を盛んに知ろうとしていた。生態系生態学として知られるもう一つの分野は、地球科学から発展したもので、主に物質や栄養素が自然界でどのように循環しているかを研究することに専念していた。生態系生態学の研究者は、陸上、淡水、海洋の貯留場所と大気との間での栄養素や物質の交換や貯蔵を、たゆまぬ努力で説明してきた。焦点は違っても、生態系や進化の過程は人為的なものではないと考えられていたため、両分野とも人間の影響を受けない自然の中で研究を行うことを目指していた。両方の分野は、生物相と栄養循環は壮大な均衡を保っているという世界観を共有していた。アンバランスを引き起こしたのは人為的な影響によるものであると考えられたのであった。

しかし、そうすることで、生態学者たちは皮肉にも今日のような人間と自然の分裂を長期化させてしまった。「生態学者は自然の仕組みを研究するだけでなく、人間が自然の一部であることを認識できるように知識を応用すべきである」というアルド・レオポルドの訴えがあったにもかかわらず、このような分断された世界観が進行していったのである。レオポルドはプロの生態学者だが、近代環境倫理学の父として知られている。地域生態学と生態系生態学の概念を統合し、人間との関わりを持つことで、時代の先を行く人物であった。生態系や社会を持続させるために、自然との倫理的な関わり方の基礎を、彼の統合的な視点により明らかにしたのである。また彼は、自然の科学的研究と自然保護を両立させるために生態学者が常に直面している難問を理解していた。この難問は、当時と同じように今日でも少しは当てはまっているが、彼の著書『ラウンド・リバー』（オックスフォード大学出版局、1953年）からの抜粋には、次のようにまとめられている。

生態学教育のペナルティの一つは、人間は傷だらけの世界で一人で生きていると思わせたことである。生態学者は、自分の殻に閉じこもり、科学の結果は自分には関係のないことだという振りをするか、さもなくば、他人から何と言われようと自分自身を信じて、生物群集の死の痕跡を診る医者にならなければならないのである。

この引用文の後半の部分は、生態学の重要な役割は、人間が引き起こした被害がどれほどひどいものであるかを診断し、見えていなかった悲惨な被害を浮き彫りにすることである、ということを文字通り意味していると捉えることができる。これは、さらに一歩踏み込んで、生態学は社会がその過剰な搾取をやめて自然を放っておくべきだという主張を支持しているということを意味している。そして、多くの生態学者がこの立場を取り、人間による自然破壊を非難するために発言してきた。しかし、これはすべての人に響くわけではない。自然を畏敬の念を持って見ている人にとっては、自然はその威厳と神秘の中に存在しているというだけで、非常に魅力的に映るかもしれない。しかし、自然を搾取せず、自然を守ることで人類の進歩の機会が失われるのではないかと考える多くの人々にとっては、それはあまり魅力的ではないかもしれない。実際、一部の公の場では、生態学は人間の進歩に反対する環境活動家を支援する科学であり、人間と自然の分裂を永続させる科学であるとさえ認識されるようになっている。

私が説明するニュー・エコロジーは、レオポルドが念頭に置いていたような統合的な世界観に戻ろうとする努力を表している。実際、レオポルドが医学と実践の比喩を用いたのは、並行して統合された環境科学と実践の発展を促すことを意味していた。このような科学は、比喩的に言えば、自然の病気、つまり種の多様性や生態系の機能の低下、喪失がどのようにして起こるのかを診断するための手段と能力を提供することになるだろう。しかし、問題を診断するための科学的研究を行うことは、自然を健全な状態に戻すために必要な理解を行うことにもなり、さらに重要なことは、技術的・経済的な発展を目指す社会が被害を被るリスクを最小限に抑えることにもつながるのだ。

しかし、人間の経済的な幸福や健康に関する現代の関心事とより直接的に関連させるために、人類を自然から切り離すのではなく、自然の中で役割を果たす方法について生態学がどのように理解を深めることができるかについて、持続可能な世界を構築する文脈から二つの方法を提案したい。一つは、市場経済との類似性を持つ一種のシステムの視点を取ることである。ここでは、自然は生物種による物質の生産、消費、移動によって維持されている別の種類の経済として描かれている。もう一つの方法は、公衆衛生や医学の新しい考え方を参考にして、環境の健康を維持することが、個人の健康と幸福を維持することと密接に関連しているとする個人主義的な視点をとることである。

ポートフォリオとしての生物多様性

専門的で本質的なサービスを提供するさまざまなセクター（例えば、農業、林業、鉱業、製造業）によって構成される市場経済と同様に、自然の経済もまた、人間に不可欠なサービスを提供する生態系と呼ばれる、別のさまざまなセクターをともに構成する多くの種類の生物種からなっていると見ることができる。

さまざまな生態系を構成する多様な種は、生命の多様性、または生物多様性と呼ばれるものの重要な部分である。この多様性は、清潔で新鮮で十分な水、深く肥沃な土壌、丈夫な作物を生産するための遺伝的多様性、それらの作物を受粉させる手段、ガス排出の影響を緩和する能力など、多くのサービスを安定させることで、持続可能性の実現性を高めている。これらを合わせて考えると、種とそれが生み出す恵みは、一種の資本、つまり自然資本、たとえると銀行に預けられた自然のお金とみなすことができる。そのお金が増えるよりも早く使ったり、もっと悪いことに浪費したりすると、本質的なサービスが失われ、最終的には破綻に至るまでの道筋をたどることになる。これは、生態学者が意味する持続可能性の喪失とは何かを伝える別の言い方である。

このように持続可能性を考えるためには、私たちは有限の惑星に住んでいるという基本的な認識が必要である。社会にサービスを提供するために不可欠な、多くの生態系機能のレベルを維持するためには、地球上の空間を他の生物と共有しなければならない。自然の限界についてのこの基本的な認識を用いて、ニュー・エコロジーは、生態系サービスへの人間の依存が、その生態系の機能にどのように結びついているかを想像するのに役立つ。限りある世界では、ある特定のサービスの需要が拡大すればそのサービスや他のサービスを提供する生態系内の種の能力が低下するため、必然的に発生する両者の間の交換関係(トレードオフ)を定量化し、対処するのにもニュー・エコロジーは役立つ。生態系科学における持続可能性とは、他の種類の経済学と同様に、資源の希少性によって設定された限界を考慮して、適切なトレードオフのバランスを見つけることである。

自然経済における生物多様性の管理は、比喩的には、市場経済における投資信託などの有価証券の金融資産（ポートフォリオ）管理にも似ていると考えることができる。少なくとも投資家は、リスクと収益の損失を軽減するために、多様な有価証券のポートフォリオを維持しようとする。しかし、投資家はまた、一般的な市場環境で好業績を上げている有価証券を維持し、そうでない有価証券を手放すことで、望ましい収益（リターン）水準を維持できるようにポートフォリオを調整している。優勢な市況が変化すると、成績の悪い有価証券を売却し、成績の良い有価証券を買い戻すことで、ポートフォリオを再調整することができる。それは、市場環境の変化に応じて成績と収益が軌道に乗っていることを確認することで適応していく効果的な方法である。しかし、市場経済の中と自然経済の中とで有価証券を行き来させることに相違点もあるため、自然経済にこの比喩を拡張するには限界がある。市場経済では、ポートフォリオから除外されている有価証券は、後で含めることができる。つまり、それらの有価証券を買い戻し、投資選択の急速な逆転を行うことで適応する機会が残されている。一方で自然の経済では、有価証券である生物種を効果的に去らせることは、それらの種を再び手に入れることが難しいかもしれないことを意味している。これは、適応的な調整を行う機会を失うことを意味し、環境条件の変化に伴って重要な機能やサービスからのリターンを失うことにつながる可能性がある。

したがって、種の多様性を維持することは、社会が発展していく中で避けられない課題や変化に直面しても、社会が回復力を発揮できるようにするための能力を提供することでもある。生物多様性がこのような能力を提供しているのは、異なる種が大きく異なる環境条件の中で生き、機能するように適応しているからである。これにより、生態系の機能とサービスを維持するために必要な、多様な選択と資産管理（スチュワードシップ）の機会が生まれる。

例えば、一般的な食料品店の青果コーナーでよく見かける果物やナッツ、野菜を生産するためには、約40種類の栽培された植物が受粉されなければならない。このサービスを提供するために、多種多様な自然の送粉者に頼ることができる。このような多様性は、天然の送粉者の種が、多くの場合、一つまたはいくつかの花を咲かせる植物に特化するように進化してきたからである。しかし、受粉効率を向上させるため人間は代わりに、事実上すべての作物の種を受粉させることができる単一の飼育種、ヨーロッパミツバチを中心とした小規模な産業を生み出した。養蜂家は、人工的なコロニーでミツバチを飼育し、ある農地から別の農地へと移動させて、生育期の間ずっとさまざまな作物を受粉させている。しかし、飼育されたミツバチのコロニーは、現在、壊滅的な減少に苦しんでいる。この送粉者サービスの損失によってそれに依存する人間の経済活動も危険にさらされている。

私たちは、それらの作物の多くで同じように送粉が可能な多くの在来種、野生の送粉者種のような代わりの種を見つけようとすることもできる。しかし、これらの送粉者種の生息地を構成する植物の多くは、土地全体の生産能力を最大化するために、土地の隅々まで農業に転用され失われてしまうことが多い。農業生産を維持するために野生の花粉媒介者を利用するには、まず、作物生産を促進するための生息地の転換と、花粉媒介者の多様性を促進するための生息地の保全との間の折り合いのバランスを取り直す必要がある。しかし、数時間から数日で取引が完了する株や債券を買い戻すのとは異なり、花粉媒介者の生息地を構成する植物種を回復させることによって花粉媒介者の自然のポートフォリオを再構築するには、数年から数十年かかる。

これは、そもそも多様な種のポートフォリオを維持することに意識を向け、関心を持つことで、人間が支配する経済部門の先行きの変化を回避するために必要とされる自然の適応能力の損失を防ぐことができるという一例にすぎない(第2、3、5章を参照)。ここで重要なのは、送粉の危機を引き起こした人間の行為は、人間がますます自然を変容させていく中で生じる他の種類の落とし穴についても警告してくれるはずだということである。

持続可能性の達成は、生産的で健康的な生活を送るための努力から得られるものと考えられる。このことが何を意味するのかを理解するためには、健康科学とその分野が人間の健康と幸福の概念を再定義しようとしている方法に目を向けることが有用である。

西洋医学や公衆衛生学では、患者が身体的な病気の症状を示したときに、直接患者を治療するという伝統があった。そのため、医学はその科学的な技術情報を応用して病気を診断し、治療薬を処方するのが通例となっている。しかし、現代の健康科学では、目の前の病気や病気の状態を超えて人間の健康を考えようとする努力が始まっている。それには、健康的な生活を促進する条件を特定することが含まれる。例えば、2型糖尿病は、その悪影響に対処するためにインスリンを服用することで制御することができる。しかし、そもそも糖尿病になるリスクは、健康を目的とした生活様式を採用することで低減することができる。これには、健康的な食生活、体重増加の制御、より多くの身体活動、身体的・精神的ストレスの軽減などが含まれる。ポジティブヘルスと呼ばれるこの新しい考え方は、身体的・精神的健康の伝統的な分野を基盤にしながらも、社会的・経済的・環境的条件が、私たちがどれだけ身体的・精神的健康を達成するかを決定する上で重要な役割を果たしていることを認識し、それらを拡大することで、幸福を増幅させるとするものである。公衆衛生と医学は、人間の身体の内部の生化学と生理学だけに焦点を当てていると、環境の文脈から人間を切り離してしまうことに気づくようになってきたのである。

同様に、生態系の持続可能性を達成するためには、人間が自然と健康的に関わることが必要であると私は主張する。このように、ポジティブヘルスの概念を自然にも適用できるようにスケールアップしたものと考えることができる。それは、個人の幸福を持続させることへの配慮から始まる。呼吸器系の病気やがんの原因となる汚染物質や有毒な化学物質で自然環境を破壊したり、清潔さや衛生面での無関心や軽視によって生活する場所を劣化させたりすることで、私たちの健康を意図的に危険にさらすことは確かに避けたいと思うはずである。さらにニュー・エコロジーは、予防医学や治療医学の一環として生物種や自然の場所を利用できることを示している。例えば、緑豊かな都市の森林を拡大することは、大気汚染を相殺し、大気の環境基準を満たすのに役立ち、それによって人間の呼吸器系の病気を減らすことができる。そのため、大気中の汚染物質を除去するように設計された技術的な解決策に代わる、費用対効果の高い代替手段となる可能性がある。しかし、持続可能性には、このような不幸を防ぐための行動をとること以上のものが必要である。それには環境への意識、思慮深い関心事、そして人間の選択や行動が、私たちが暮らす都市やそれ以外の環境をどのように形成しているのか、そしてその選択が最終的に人間の幸福にどのように影響を与えるのかを想像する能力が必要である。これには、私たちが生活している生態系や、私たちと地球を共有している種の多様性に対する意識や関心も含まれる。それは、健康的で回復力のある生活につながるような方法で、環境に対する思慮深いスチュワードシップを求めている。

ニュー・エコロジーが目指す地平

人口が急増し、地球の資源や未開発地が自分たちのニーズに合わせて利用されるようになると、今日さまざまな場所に生息しているすべての種を維持することは不可能になるという感情が高まってきている。だから、社会は、どの種を維持し、どの種を手放すかを決定するのに役立つ優先順位を検討する必要がある。人間の本性を考えれば、目の前のニーズに合ったものを選ぶか、現在最も大切にしているものを選ぶことに傾いてしまうのではないだろうか。私が説明するように(第2、3章を参照)、このような考え方は持続可能な思考とは矛盾している。なぜなら、私たちが望む機能やサービスを提供するために頼りにしている種の組み合わせを狭めてしまうからである。そしてすでに学んだように、ニュー・エコロジーは、このように選択肢を狭めることは私たちが多様なポートフォリオを持てなくなることを示している。この戦略を用いることは、適応能力と将来の機会を失うリスクがある。ニュー・エコロジーは、レオポルドが灯した光を受け継ぎ、技術的に進歩する21世紀の社会のために、科学的な情報に基づいた倫理を確立することで対応してきた。残りの章では、ニュー・エコロジーがこれらの課題にどのように対処しているかを詳しく説明する。

第2章　種と生態系の価値

蚊を絶滅させてはいけないのか

温暖な地域に住んでいる私は、どの季節も同じように好きだ。しかし、寒くて雪の降る冬が長引いた後の春は、とても嬉しい安らぎの時であることは認めざるを得ない。春は、動物や植物が焦るように動き出す、目覚めの時期だ。春になると、カエルのつがいの鳴き声が聞こえてきたり、木々の葉が静かに芽を開いたり、山野草が咲き乱れて色とりどりの林床や野原が見えてきたりと、年に一度の風物詩となる。生命の躍動感が伝わってくるような季節なのだ。

暖かくなった天候はまた、昆虫が卵から孵化し、何度かの脱皮を繰り返して成長し、成虫になって卵を産むという生活史サイクルを加速させる引き金となる。昆虫の中には、暖かい気候が許す限り何度でもこのサイクルを繰り返すものがある。多くの蚊の種のメスは、卵を生産するために不可欠な栄養を提供する血液を得るために、人間を困らせる。また、すべてではないが、多くの種類の蚊は、蚊が血を吸っている間に人間に感染する病気を持っている。

米国では、西ナイルウイルス病を人間に感染させることで、Culex属に属する数種の蚊が特に悪名を馳せている。この病気はアフリカが起源だが、1999年にニューヨーク市で発生した。この病気はこの震源地から急速に広がり、2003年にはアラスカとハワイを除くすべての州で発見された。

西ナイルウイルス感染症は、ほとんどの人は気づかない。そうでなくても大抵は軽い発熱やインフルエンザのような症状が数日で治まるだろう。だがまれに最悪のケースでは、脳炎と呼ばれる脳の腫れや、髄膜炎と呼ばれる脳や脊髄の周りの膜の腫れを引き起こし、後遺症を残すことや死に至ることもある。

この病気を予防するワクチンも薬もないため、公衆衛生上の重要な問題となっている。そのため、毎年春に公衆衛生機関が非常に洗練された科学的な観測プログラムを展開している。これらのプログラムでは、野外で成虫の蚊を捕獲・採集して個体数を推定し、その後、ウイルスの発生率を調べるため実験室での分析を行う。ウイルスが検出されると、メディアに報告され、一般の人々に警戒を促し、蚊に刺されないように行動することを周知する。また、蚊の個体数が多く、ウイルスが大量に発生している場合は、殺虫剤を散布して蚊を死滅させ、病気が広がる可能性を抑える。このような対策により、重篤な病気になることへの恐怖心をすぐに和らげることができるが、そもそも西ナイルウイルス病に感染するリスクは一般的に非常に低い。(1)

蚊の制御プログラムは、主に幼虫を対象にしている。幼虫の多くが成虫に成長する前に殺すことで、人間が噛まれる可能性を低くすることができる。幼虫は水の中に生息している。そのため、殺虫剤は、池、湖、森の水溜り、湿地帯、河口など、蚊が繁殖する可能性のあるほぼすべての水域に散布されている。このような防除方法が十分でない場合には、広大な土地に農薬を空中散布することで、成虫を殺すための追加的な対策がとられることになる。

環境への農薬散布は議論の的になっている。懸念されるのは、使用されている農薬の種類や使用場所によっては副作用が生じ、人の健康に及ぼすリスク以外にも、蚊だけでなく多くの生物に影響を及ぼす可能性があるということである。マラチオンのような有機リン酸塩系農薬や、ピレスロイド系農薬は、ヨーロッパミツバチを含め他の多くの昆虫にも毒性があるが、これら昆虫の多くは、人間の経済的な幸福には不可欠ではないにせよ非常に有益な存在である。また、水域に散布された有機リン酸塩は、蚊や魚以外の無脊椎動物をも殺す可能性がある。

しかし、農薬の使用は、科学的な毒性研究に基づいて安全な投与量レベルを定めた厳格な法的手引きを遵守しなければならない。そして実際、これらの化学物質の多くは、散布後すぐに環境中で分解されてしまうため、そのような農薬が意図的に選ばれている。現在の科学的根拠によれば、1回限りの防除に適用される投与量は安全とみなされる。人間の場合は、一度の農薬散布で病気になるよりも、西ナイルウイルス病に感染するリスクの方が高い(2)。とはいえ、特に農薬を1年以内に繰り返し散布したり、あるいは数年にわたって散布した場合、残留農薬が環境中に有害なレベルまで蓄積する可能性があることを考えると、安全性についての懸念は依然として存在する。

必然的に人々は、そもそも蚊は何のためにいるのかと疑問を持ち始める。なぜ蚊を完全に排除しないのだろうか。確かに、地球上には数え切れないほどの昆虫が生息しているのだから、有害なマイナス面がなくても、自然の経済活動に適した代替種は他にもあるはずだ。実際、疑問を投げかけている人もいる。もし蚊が人間にとって有益であるなら、私たちはすでに蚊を利用する方法を見つけているのではないだろうか？

これは、第1章で取り上げたような感情である。これは、自然のほんの一部に焦点を絞ってその自然を大切にしようとする、非常に利己主義的で経済にだけ焦点を当てた考え方の一例である。このような狭い視点は、人間を、自分たちが暮らすより大きな生態系の文脈から切り離してしまうことがある。この例のように、人間が病気に対処しようと急ぐことで、人間は自分たちの行動が自分たちの幸福のためにどのような意味を持つのかを見失ってしまうことがある。ニュー・エコロジーの主要な取り組みは、何がどのように評価されるのかという範囲をすでに広げている。ここでは、自然をより完全に評価することを支える生態学的な科学的進歩のいくつかを論じてみたい。

生態系サービスという考え方

私たちが何かに正確な価値を置くかどうか、あるいは全く価値を置かないかどうかは個人差がある。しかし、クマやオオカミ、クズリのような大型肉食動物は、本来の格好よさだけで、地球上で最も壮大な存在として多くの人が畏敬の念を抱くには十分だろう。これらの種が地球上のどこかに存在していることを知ることで得られるウキウキ感や喜びは、お金がいくらあっても補うことはできない。それだけではない。地球上のすべての種がそうであるように、これらの種は、地球の歴史の奥深くまで遡ることができる進化の連鎖の結果なのだ。進化にかかった長い年月を、いったい誰が思いつきで扱うべきだなどと言うだろうか？　種の純粋な存在とその進化の遺産に対する価値のこのような表現は、レオポルド〔第1章参照〕や彼以前のジョン・ミューア〔米国のナチュラリストの草分けで自然保護の父と言われている〕の著作に染み通っている。

しかし今日、多くの人々が、自分が欲しいものを手に入れたり使ったりすることで得られる特権や利益に対して、支払ってもよいと思う金額で価値を表現することをますます望んだり、むしろ要求するようにさえなっている。単に存在することに公正な価格をつけることが不可能であることを考えると、21世紀の世界では、ある生物は何の価値もなく、消耗品になり得るということなのだろうか？　ある人にとっては、答えは明らかに「ノー」である！　しかし、他の人にとって答えはそれほど明確ではない。なぜなら、その種を維持することによって、他にどのような機会があるのか、あるいは失われる可能性があるのかを考えることになるからである。この地球上の限られた空間を考えると、壮大な生物が広く自由に歩き回ることができる広大な開放空間を維持するための機会費用、つまり何か他のことをする機会を失うことにはどのようなものがあるのだろうか？　ブリストル湾では、数十億ドルに相当するアラスカの鉱物を地下に残しておくことが機会費用となっている。この貴重な天然資源は、最新技術による発明や社会発展への欲求を支えるために本来であれば活用できるものだ。

ここで問題となるのは、競合する利害関係者の金銭的なコストと利益のみを考慮して政策決定を行うこと、つまり経済学者が言うところの不使用価値や存在価値よりも、使用価値に基づいて政策決定を行うことが求められているということである。しかし、ブリストル湾のような広大な原生地域の景観の美しさ、独自性、かけがえのなさといった非利用価値と、その利用から得られる莫大な金銭的リターンに基づく利用価値をどうやって両立させるのだろうか。その答えは、好むと好まざるとにかかわらず、種や生態系に金銭的な利用価値を割り当てようとすることである。

例えば、人々が大型の捕食者や他の種を自然環境で観察するための観光の機会にお金を払うことを厭わない場合、人々は暗黙のうちにそれらの種に金銭的価値を割り当て始める。この機会に人々が喜んで支払う金額は、彼らがこれらの種に置く価値を反映したものである。人々がそれらの種を見るために支払うお金が多ければ多いほど、それらの種に割り当てられている価値は高くなる。

しかし、自然を見るための観光から得られる金銭的なリターンは、自然を利用して物質的な利益を得ることから得られる金銭的なリターンに比べれば、はるかに小さいことが多い。例えば、ブリストル湾では、雇用を支援するものを含めた年間観光収入の純額は3億ドルから5億ドルになると計算されている。対照的に、もし採掘が許可された場合、抽出された金属だけからの年間純収入は29億ドルから33億ドルになると試算されている。しかし、このような価値の考え方は、市場での需要と供給に基づく取引や販売によって価格が決定される物質的な商品を基準にしているだけで、自然の価値への狭い見方が反映されている。

生態学は今、さらに多くのことが危うくなっていることを示している。人間は別の意味で自然を「搾取」している、あるいは自然に大きく依存しているが、社会的には自然に対して直接何かを支払う必要がないので、このことに気づかないことが多い。私たちの存在が自然に依存しているにもかかわらず、何も支払うことを求められていないために、私たちは自然の存在を当然のことのように受け止めているのだ。ここで私が言及しているのは、きれいな水、新鮮な空気、深く肥沃な土壌など、自然が人間に提供するサービスの価値のことだ。自然経済の中の生物は、その機能を通じてこのサービス価値を提供している。生物種は自然経済に不可欠な機能的構成要素である。物質を生産したり、物質を消費したり、物質を分解したりすることで、自然経済を維持している。これらの機能により、生態系全体の生産性を維持するために、栄養素が継続的にリサイクルされ、生態系全体に分配されるようになっている。また、この機能は、社会の存続を支えるサービスを提供することで、社会を支えているのだ。このように、30年から50年という短い時間軸の中で鉱物を採掘することの価値は、その同じ場所で実質上永続的に提供される自然のサービスの価値と比較して測らなければならない。問題は、意思決定を行う際に、永続的に存続するものの経済的価値が、より短い期間存続するものよりもはるかに大きく割り引かれてしまうことである。しかし、生態学からの洞察は、私たち全員が意思決定を行うためのこのような手法を再考するのに役立っている。

「種」——代わりなきもの

根本的なレベルでは、もし私たちが食料を育てるために使う地球の土壌を構築し、維持するための生物を持っていなかったら、私たち全員が確実に飢えてしまうだろう。これらの種には、バクテリアや真菌、甲虫やミミズ、ヤスデのような小さな無脊椎動物が含まれている。彼らは間違いなく、地球上のすべての種の中で最も目立たない種である。多くの人は、これらの生物が存在することを知っていても、それがなければ老廃物が分解されず、栄養分が補給されず、植物や動物が繁栄できないことを除いては、それらの種に対してほっとする気持ちや喜びを感じることはできないだろう。要するに、生態系は持続可能なものではないのだ。人間の創意工夫では、これらの種の代わりになるような技術を構築することはおろか、その生息地でこれらの種の進化条件を再現することすらできない。

彼らが土壌の中に住んでいるので、これらの種とその機能的役割は、文字通り非常に目立たず、気づかれない。一見すると、土壌はただの岩や土の束のように見えるかもしれない。植物の葉や茎、動物の排泄物、動物の死骸など、自然界の廃棄物が堆積し、不思議な力で栄養素に変えられて、新しい植物の成長を促す「ブラックボックス」のようなものである。しかし、よく見るとそこには生命があふれている。そこには、目もくらむような小さな無脊椎動物や菌類、バクテリアなどが生息していて、それらは分解者として重要な役割を果たしている。ミミズ、甲虫、ヤスデ、ワラジムシなどの分解者は、最初に動物や植物を細断して有機物(土壌腐植)の小さな粒子にする。また、これらの種は、土の中に糞尿ペレットを堆積させたり、バクテリアや真菌の生息条件を改善したりすることで、土の質を向上させる。そして、分解はバクテリアや菌類に引き継がれる。生態学者がようやく理解し始めたばかりの化学反応を誘発することで、これらの種はこの有機物を構成分子に分解し、さらに植物に栄養を与える元素に変化させる。バクテリアは非常に豊富に存在する。茶匙1杯の肥沃な土壌には、1億から10億個の細菌が生息していると推定されている。菌類は、植物の根と共生して、菌糸と呼ばれる地下の枝分かれした繊維をネットワーク化することができる。菌類は、植物から植物への栄養分の移動のための巨大な地下経路を、広い空間に形成しているのだ。資源に限りのある世界では、土壌中の栄養素を再利用して再分配するプロセスが、自然経済を持続可能で生産的なものにしている。土壌の肥沃さと生産性は、ひいては人類が自らを養う能力の鍵を握っているのだ。

土は、生態系の構造を形成するための基盤でもある。土は植物がしっかりと根を張るための下地となる。そして、植物は動物の生息地や食料を提供する。この構造は食物連鎖と呼ばれ、自然経済の足場となっている。この連鎖の中で、植物種(一次生産者)は、土壌から水や養分を吸い上げ、大気中の二酸化炭素を取り込み、太陽光に刺激されて光合成を行い、植物の組織を作る。草食動物種(一次消費者)は、その植物組織を食べて動物組織を合成・生産し、さらに別の動物組織を生産する捕食動物種(または二次消費者)に食べられる。それぞれの消費者に食べられなかった植物種、草食種、肉食種の個体は、最終的には老化により死滅し、その体内の化学成分は土壌中の分解種によってリサイクルされる。したがって、土壌と、それに直接・間接的に依存している食物連鎖の中の種を、別個の存在として見ることはできない。すべては自然経済の一部であり、摂食という相互依存関係によって結びついているのである。したがって、人間が経済のある部分を変化させたり、影響を与えたりする行動は、相互依存の連鎖の残りの部分にも間接的に影響を与えることになる。

生態学は、自然を大切にし、利用する際には、経済全体、つまり生態系への影響を考える必要があることを、その歴史の中で今まで以上に教えてくれている。私たちが特定の種を他の種よりも優遇すると、機能を歪め、持続可能性を損なう危険性がある。大型の肉食動物に十分な草食動物の餌を与えなければ、大型の肉食動物を保護することはできない。草食動物の餌として十分な植物を供給し、生息地を提供しなければ、草食動物の種を保全することはできない。植物は、生産性の高い土壌がなければ保全することはできない、といった具合である。これは、全体は部分よりも大きいという生態系生態学の古典的な「システム思考」として理解することができる。しかし、この古典的な見方では、部分——種とその相互作用のメカニズム——が全体にどのように予測可能な寄与をするかを考えていなかった。全体は未知の、霊妙な性質を持つものとして扱われていたのだ。ニュー・エコロジーは、種間の動的な相互作用の原動力となっている複雑なメカニズムを知り、それが乱された場合にシステム全体にとってどのような意味を持つのかを知る重要性をさらに明らかにしている。

例えば、カナダ北部やロシア北部の広大な原生林である「北方林」は、地球上の10％の面積を占めている。トウヒ、マツ、ドロノキなどの常緑樹や落葉樹に代表され、クマやオオカミ、クズリなどの大型肉食動物の安全な生息場所と考えられている。また、この森林は地球上の他の陸上生態系よりも多くの炭素を蓄えており、熱帯林の2倍もの炭素を蓄えている。このように、人間の活動が炭素系の温室効果ガスを大気中に放出し、気候温暖化の原因となっていることが懸念されている時代に、この原生地域は特別な価値を持っているのである。

北方林の樹木は、他の植物と同様に、茎や葉、根を生産するために大気中の二酸化炭素を取り込んでいる。しかし、熱帯とは異なり、北方林の炭素のほとんどは、これらの生きている植物の部分に貯蔵されているわけではない。むしろ、植物から葉や枝、根が抜け落ちた後、死んだ有機物として土壌に貯蔵されている。土壌が巨大な炭素貯蔵庫になるのは、気温が低くなると土壌生物の活動が鈍くなり、その結果、すべての動植物の分解が遅くなるからだ。炭素が生態系の中に蓄えられるこのプロセスは、炭素隔離として知られている。

ヘラジカのような大型の草食動物の食物源として、北方植物は食物連鎖の不可欠な部分である。ヘラジカの個体数が非常に多くなると、樹木の豊富さに大きな影響を与える可能性があり、大気中から取り込まれる炭素量が減り、最終的には生態系に隔離される炭素の量が減ることになる。しかし、クマやオオカミのような大型の肉食動物は、ヘラジカの個体数を抑えていることが多い。ヘラジカが北方の樹木に与える影響を減らすことを通じて、これらの肉食動物は間接的に植物に利益をもたらし、それによって北方土壌への炭素の貯蔵を高めることができるのだ。カナダの北方地域全体で、これらの大型肉食動物とそれに関連した自然経済における役割を保護することで、北方生態系は毎年、化石燃料の燃焼によるカナダの年間二酸化炭素排出量をすべて相殺するのに十分な量の二酸化炭素の隔離が可能になることが計算によって示されている。世界の炭素収支では、これは些細なこととはいえない。世界に190カ国ほどある中で、カナダは二酸化炭素の排出量が多い国の上位15位にランクされているからだ。

クマやオオカミのような種は、その目立ちやすさで評価されていることがほとんどで、人間がもっと高く評価するかもしれないヘラジカのような獲物を殺すために非難されている。しかし、オオカミやクマは食物連鎖の一部として、社会に大きな環境サービスを提供している。生態学者は、ミシガン州のアイル・ロイヤル国立公園のような場所で大規模な科学実験を行うことで、このサービスの証拠を示すことができた。スペリオル湖の北西部に位置するこの保護原生地域は、面積535平方キロメートルで、約75年前からヘラジカとオオカミの生息地となっている。50年以上にわたる継続的な研究の中で、捕食者と獲物の相互作用が生態系の機能にどのような影響を与えるかについて、最も長期にわたる分析が行われてきた場所の一つでもある。実験では、ヘラジカを長期間排除するために、特定の区域に柵を設置した。ヘラジカが自由に歩き回っていた同規模の区域と柵で囲まれた区域を比較することで、ヘラジカの有無が生態系にどのような変化をもたらしたかを測定することができた。生態学者はまた、捕食によってヘラジカの自然の生息数がどのように制御されているかを、時間の経過とともに測定した。この研究からは、オオカミがヘラジカの個体数を制御することで、生態系の機能にどれだけの恩恵を与えているかが明らかになった。同様の実験研究は、ある特定の種の存在だけではその種の重要性を十分に評価できないことを私たちに示している。社会に対する生物種の完全な価値は、種が存在しないことと比較して初めて評価され、定量化されるのだ。つまり、自然経済が提供する富を正当に評価するためには、種の存在価値と市場価値に加えて、失われた環境サービスのコストを計算するという、種を失うことでなくなった機会費用を計算できるような実験を行う必要がある。他にも、一つの種の喪失が生態系や地球規模の炭素収支にどのような影響を及ぼすかについて、貴重な教訓を与えてくれる例がある。

自然の驚異として、おそらく最も畏敬の念を抱かせるのは、毎年広大なセレンゲティの草原を移動する120万頭のヌーの群れだ。彼らを失うことは悲劇である。しかし、1960年代以前には、病気と密猟によって衰退し、その数は30万頭にまで減少していたため、私たちは彼らを失いかけていた。その結果、セレンゲティの生態系の多くは彼らの採食圧にさらされていないままだった。枯れて乾燥した草が蓄積され、大規模な山火事の燃料となった。この火災は毎年、地域の80％近くを燃やし、セレンゲティを大気への二酸化炭素排出の地域的な主要因としてしまった。病気の根絶と密猟防止の実施により、野生動物の個体数が回復したことで、ヌーの採食システムが回復し、山火事の範囲が逆転した。現在では、ヌーの採食によって草の中の炭素の多くが動物の糞として放出され、それが昆虫によって土壌に取り込まれ、燃えることのない土壌貯留層に蓄積されている。セレンゲティの生態系は現在、正味の〔排出と吸収の差し引き〕二酸化炭素吸収源に戻っている。毎年蓄積される炭素の量は、現在の東アフリカの年間化石燃料による炭素排出量をすべて相殺すると推定されている。

毛皮貿易によって絶滅の危機に瀕したラッコは、法的な保護と管理の努力によって個体数を増やし、草食性のウニを抑制することで海岸の昆布林を再生させてきた。バンクーバー島からアリューシャン列島の西端までの細い海岸線に沿って、ラッコが過去のレベルまで回復したことで、カナダのブリティッシュ・コロンビア州において、化石燃料の排出による年間炭素量の6〜10％を蓄えることができる可能性が生まれた。

より広い意味では、沿岸の海洋生態系は炭素貯蔵のための最大の機会を提供している。塩沼、海草藻場、マングローブ、大陸棚は、世界で最も重要な炭素吸収源の一つである。多くの場合、捕食者によるノックオン効果〔肉食動物が生態系に与える影響〕によって制御されているこれらの海洋吸収源は、熱帯林の最大40倍の速さで炭素を貯蔵することができる〔単位面積当たりの速度なので貯蔵の絶対量ではないことに注意〕。しかし、ケープコッドの塩沼のような場所での捕食性の魚やカニの乱獲は、草食性のカニや巻貝の爆発的な増加をもたらし、湿地の大部分が枯渇し、それに伴って潮にさらされた堆積物が侵食されることになった。これに伴い、何百年もの間に蓄積された炭素が失われ、将来的に炭素を隔離する可能性も失われた。大陸棚では、魚類、ヒトデやナマコなどの無脊椎動物は、過剰なカルシウムの体内への同化を防ぐための生理的過程の副産物として、腸内に炭酸塩ミネラルを沈殿させている。世界的に見ると、このような炭酸塩の年間生産と廃棄物としての海底への放出は、ブラジル、イギリス、オーストラリアなどの国が年間に排出する化石燃料による二酸化炭素の排出量に匹敵すると推定されている。

生態学では、1種から数種の動物が、地域の生態系と大気との間で交換される炭素の量が決まるのにどのように役立つかについて、もっと多くのことを明らかにしている。このような炭素貯留についての地域的な貢献を世界的に積み上げていくことで、大気中への炭素蓄積のスピードを緩め、かつそれによって気候変動のペースを遅らせることができる解決策のポートフォリオができあがるかもしれない。

しかし、実際のところ、大型の肉食動物は、草食動物の数や総量に比べて、生態系内に極めて豊富に存在しているわけではなく、生態系内の植物や微生物の豊富さに比べても、決して多くはない。クマやオオカミはその希少性のために、これらの種やその他の希少種の役割は、自然界における生物の役割を考慮する際に見落とされることが多い。種が見過ごされ、それによってその価値が議論されないまま低下してしまうと、その種は人間活動の犠牲者となってしまう。ここでの新たな教訓は、どんな種であっても、その希少性がその重要性と価値を裏付ける可能性があるということである。希少種は、生態系の中で大きな影響を与える可能性がある。肉食動物のこうした影響は、第1章で述べたような循環的なフィードバックを引き起こす可能性があるため、栄養段階波及効果とも呼ばれている。

搾取と機会費用――原生地域と人間のつながり

ブリストル湾と同様に北方林原生地域も、豊富な鉱物資源と膨大な木材供給、石油・ガスの埋蔵量を誇っている。そのため、この地域を広大な原生地域として維持するのか、それとも豊富な天然資源を採掘して原生地域を分断するのかをめぐって対立が生じるのは避けられない。資源開発は、人間の幸福を支える市場経済を牽引するものであるから、間違いなく重要である。天然資源は市場の評価に基づいて価格が付けられる物質的な商品であるため、その価値は容易に定量化できる。しかし、興味深いことに、広大で手つかずの原生地域として維持する代わりに、天然資源のために北方地域を開発することには、炭素隔離の減少という形で機会費用が発生することがわかったのである。

天然資源の搾取は生物の生息地を破壊し、それによって種、特にクマやオオカミのような大型の肉食動物が繁栄する能力を低下させる。これは、北方生態系の自然経済の持続可能性、特に市場経済を牽引する人間活動から放出される二酸化炭素を相殺する能力を損なう可能性がある。例えば、一度捕食圧から解放されると、ヘラジカの個体数が増加し、成長している木を食べ尽くすことがある。推定によると、ヘラジカの密度が1平方キロメートルあたり1頭未満から2頭未満(北方林で記録されているヘラジカの密度の下限)にわずかに上昇しただけでも、単位面積あたりの土壌炭素貯蔵量を10~25%減少させるのに十分である。

さらに、広範囲の樹木を伐採して道路網を整備することで北方林を分断することは、土壌の温暖化につながる。これにより、土壌生物の活動が活発になり、土壌の有機物が急速に分解されるようになる。これにより、ある地域の土壌に蓄えられていた炭素が枯渇し、大気中に二酸化炭素が放出される。もし資源開発が十分な規模で行われていれば、北方生態系の大部分が炭素吸収源ではなく、放出源になる可能性がある。

広大で手つかずのままの北方原生地域の価値は、その景観の美しさをはるかに超えて、生物種が自然の経済において機能的な役割を維持し、それによって重要な生命維持サービスを保持するために必要な空間的な広がりを提供していることにある。原生地域は荒れ果てた奥地ではない。地球上のどこに住んでいても、人間は原生地域と密接に結びついているのである。私たちは天然資源に依存しているため、直接的に原生地域と結びついている。また、資源開発によって引き起こされる循環的な影響とフィードバックによって間接的に結びついている。これらの地域は、人間がほとんど住んでいない地域ではあるが、それにもかかわらず、人口密度の高い地域に集中している人間の活動に起因する、産業由来の温室効果ガスの排出を相殺するための鍵を握っているのである。

もし社会が炭素に正確な価格設定をすることで政策決定を行う意思があれば、原生地域に隔離することで大気中の炭素濃度を緩和するという環境サービスの価値は、同じ地域から天然資源を搾取することの価値と対等なものになる。生態学者や経済学者は炭素価格の設定を提唱しているが、資源開発を阻止したり、市場経済における富の創出に課税したりするためのものではない。むしろ、このような価格設定は自然の価値に対する意識を高め、自然が評価される方法と、自然を失う機会費用を拡大することになる。

ニュー・エコロジーは、自然に対するさまざまな対立する要求を判断するための科学的なノウハウを増やしている。この知識は、現地調査で集められた事実に基づいている。何よりもまず、この知識は、社会が景観空間を対立する用途の間で分割する際に、しばしば慣例に従ってゼロサムゲーム〔一方が勝者となれば他方が敗者となるゲーム理論で、全員の得点の総和がゼロになる〕を行っていることを理解するのに役立つ。社会が、飢えた人々を養うため土地空間を農業だけに割いたり、あるいはバイオ燃料を生産する、あるいは技術革新のために鉱物を採取する、あるいは観光のために海辺にリゾートホテルを建設する、などの行為を選択するときはいつでも、その選択は実際には、その空間が提供していた環境サービスをある程度放棄することになる。ニュー・エコロジーは、社会が画一的な選択をする必要はないことを示している。例えば、飼育されたヨーロッパミツバチが衰退したときに農業生産性が低下するリスクに適応するために、野生の送粉者の生息地として農地を割り当てることが可能である。これは、人間が同じ土地空間で生物多様性と共存し、農業生産性、種やその機能的役割の保全、そしてそれに伴う環境サービスなどの複合的な利用を促進するための一例である。生物多様性とその保全に焦点を当てることは、相互依存的な自然と社会の持続可能性を維持するための鍵となるのである。

第3章　生物多様性と生態系機能

機能とサービス

夜明けの薄明かりの中、私は車の中に座り、ウェーダーを引き上げてフライフィッシングのロッドを手に取り、マスを釣るために川に入る。フライフィッシングは、生態学分野の科学的知識を実践するのに最適な方法である。川の物理的な構造を理解する能力が必要で、水の流れを読み、浅くて流れの速い早瀬と深い淵を見分けることで、大物が潜んでいるかもしれない場所を特定することができる。水の中や隣接する川岸にどのような昆虫が生息するかと、その生活史や生息環境の条件を知る必要がある。加えて、魚がどこで浮上し、どの昆虫を特定の時間に捕食するかを観察する必要があり、フライボックスから本物に最も似た人工的なフライを選ぶ。それが実際に本物であると魚をだますためにフライを投げるとき、その昆虫の飛行や泳ぎを模倣することが肝要である。

しかし、私がここに来たのは釣りをするためだけではない。水に足を踏み入れると、私は一瞬立ち止まり、川岸に接する森を見上げる。鬱蒼とした森の樹冠の中の小さな隙間から差し込む、日の出の光のきらめきが万華鏡のように見える。日の出は自然の目覚まし時計である。川沿いの生息地と隣接する森を夏の住処としている多くの種類の鳥たちが目を覚まし、朝の合唱を始める。どこにも人の姿はない。唯一の音は、鳥の鳴き声と、うなり声、透き通った水の流れ、そして私の呼吸だけだ。私は深呼吸をして、新鮮なマツの匂いのする空気を吸い込む。この川沿いは私の孤独の場だ。ここでは、私は気分を落ち着かせ、都会生活のしばしば熱狂的でストレスの多い生活ペースを忘れることができる。

このような貴重な「荒野の孤独」の場に行くための時間とお金があれば、それはそれで良いことだと言う人もいるだろうが、ほとんどの人にとっては、それは贅沢なことだと思う。しかし皮肉なことに、私の「荒野の孤独」の場は、私が住んでいる都市の中心部にある自宅から車で15分ほどのところにある。この場所は、いくつかの町や都市を何マイルにもわたって結ぶ回廊のような、より大きな都市の緑地に属している。それは都市の流域であり、水と陸上の生態系がつながっており、川とそれが流れる周辺の風景が一体となっている。それは、都市の初期の歴史において都市計画家の先見の明がなければ、そこには存在しなかっただろう。彼らは、人間によってますます変容していくであろう大きな地域の中で、このような水路を保護することの重要性を理解していた。この生態系を維持するための初期の行動は、何世代にもわたって都市に住む人々に何度も恩恵を与えてきた。このような利益は、生態系サービスとして知られている。

生態系は、生物種がその中で生活し、機能することによって、多くのサービスを提供している。種が参加する機能としては、土壌形成、栄養循環、送粉、食物連鎖における動植物の生産などがある。また、食料、木材、燃料、真水の生産を含む供給サービスがある。気候を調節したり、安定させたり、洪水を防いだり、水や空気を浄化したり、病気の発生を最小限に抑えたり、防いだりする調整サービスがある。また、レクリエーション、美的、精神的なニーズに対応する文化的サービスもある。

私の孤独の場は、これらのサービスのいくつかを同時に提供している。それには、私の個人的なニーズに応えるサービスも含まれているし、私が住んでいる都市部の大きなコミュニティに価値のあるサービスも提供している。私にとっての孤独の場は、健康上のプラスの効果という観点から、自然とのつながりを考える方法を提供している。さらに、生態系機能と生態系サービスを結びつけることで、持続可能性の概念が曖昧にならないようにすることができる。生態学者である私は、まず自然の複雑さに驚き、感嘆し、その複雑さを通して人間と自然を結びつけている多くの糸を明らかにすることで、科学を実践に移す具体的な方法を提供していると感じている。このようなつながりを描くことが、なぜ生態系の機能を持続させることが重要なのかを示すことになる。

例えば、自分のニーズに合わせた基本的なことだが、川はいくつかの文化的なサービスを提供している。釣りは重要なレクリエーション活動だ。私は美しい環境の中でこれを行うことができる。この場所は精神的な要求にも対応できる。それは人間の精神のための芳香である。孤独な場所での釣りの経験と楽しみは、心に休息を与えてくれ、瞑想をして日々の課題や仕事の不安を忘れることができる。このようなリラクゼーションは生理的な変化をもたらし、特に血圧の低下は、私が家に帰った後も長く続くことがある。孤独はまた、ある人にとっては、安全な避難所にいるような感覚を与えてくれる。私は、恐ろしい世界の出来事を目の当たりにした記者の記事や、被害者の心を揺さぶる証言を無数に読んできた。彼らは、私の都市の「荒野の孤独」と似たような場所が与えてくれた避難所と慰めがあったために、どのようにその悲惨な体験に対処することができたかを記述している。このような都市部での自然とのつながりは、たとえ個人的なものであっても、個人レベルでの人間と自然の分断を克服することにつながる。それは、私たち一人一人を、健康に貢献する環境の文脈に結びつける方法を提供しているのだ。

また、より広い社会でも自然がもたらすサービスには、ポジティヴヘルス効果が認められている。ニュー・エコロジーは、生態系機能とそのようなサービスの関連性を明らかにする上で、重要な科学的進歩を遂げてきた。最も重要なものの一つは、飲料用のきれいな水の豊富な供給である。淡水は再生可能ではあるが、それにもかかわらず、代替品のない資源である。人類は世界中で、飲み水を供給するために湖や川、地下の井戸に大きく依存している。しかし、これらの主要な淡水源は、地球上のすべての水の1％未満にすぎない。残りはほとんどが海水である。

これらの水源から汲み上げた淡水は、降雨や降雪によって補充される。雨水や雪解け水は、陸地を流れて河川や湖に戻り、土壌に浸透して地下の帯水層に入る。これらの水域を囲む森林は、きれいな水を供給する上で重要な役割を果たしている。樹木は土壌に根を張り、土壌が圧縮されるのを防ぐことで、水が地下の帯水層に浸透する。また、土壌に根を張ることで、流出時の土壌侵食を防ぎ、河川や湖沼の水が土の粒子で濁るのを防ぐことができる。このような自然な「水処理」は、自治体が水処理施設を建設するための資本コストの数億ドルを相殺するのに役立っている。また、自然な水処理は、年間の水のろ過コストを相殺する。典型的な米国の自治体では、流域の60％以上が森林に覆われたままの場合、年間約30万ドルを支払っているが、このコストは森林の割合が減るごとに増加し、流域の約10％しか森林に覆われていない場合は年間100万ドルに達する。

他の自然の川と同じように、私の街の流域にある川は、田園地帯を蛇行するように放置されている。川の曲がりくねった地形は、重要な調整サービスを提供している。大雨が降ったときに水の流れが勢いを増すのを防ぐことで、鉄砲水が発生して川底が荒らされたり、川岸が大きく侵食されたりすることを防いでいるのだ。河道直線化は川の構造を均質化し、川岸と溜まりの区別をなくす。川岸侵食は、水を泥化させ、飲めなくする原因となる。自然を変える過程で、人間は河道をまっすぐにする。過去の目的は、水の供給の信頼性と効率を高めることであったが、多くの場合、このような河道直線化は逆の結果をもたらした。その結果、流域の物理的な完全性と水質が低下している。洪水による物的損害もしばしば発生している。

河道直線化は、多数の種、特に魚の餌である水生昆虫の多くの種に生息地を提供する川の早瀬や溜まりのような構造を排除している。これらの昆虫の未熟な姿(学術的には幼虫と呼ばれているが、フライフィッシングではニンフと呼ばれている)と成虫の姿を模した人工的なフライを作ることで、釣り業界全体が成り立っている。人気のあるフライフィッシング用品のカタログを何気なく見て、その種類が豊富でリアルな昆虫に表現された芸術性の高さに思わず目を奪われてしまうことだろう。それらはあらゆる形態、サイズおよび色で実現している。それは生命を模倣する最高の芸術である。

この芸術によって模倣された生命の側面は、生態学者が生物学的多様性または生物多様性と呼ぶものである。確かに異なる形態、サイズ、色は、異なる種を区別する。しかし、これらの形態、サイズ、色はまた、機能的な目的を持つ種の特徴を模倣している。これらの特徴は、種がその生息地の中で生きていくために必要なものなのである。

例えば、川底の石の間に挟まれた川岸で幼虫が生活している、トビケラという普通種を考えてみよう。幼虫は、クモの巣のような絹の糸を紡ぎ、早瀬の川底の小石の隙間に暮らしている。これらの捕集網は、藻類、微細な粒子、および水中に浮遊し漂流している小さな動物などの食料を捕まえるために使用される。このようにして、トビケラは自然の水のろ過を行っている。これらの種が作る絹の捕集網の大きさと、織られた絹の網目の間隔（フィルターの孔の大きさに似ている）は、種の体の大きさによって決定される。川底に生息する大きさの異なるトビケラは、お互いに機能的に補完し合っている。彼らは全体として、広範囲の大きさの浮遊粒子を除去することで水を浄化しているのだ。さらに、これらの種は水の流れを調整する生態系エンジニア（その種が活動することで生態系の構造や機能が改変されるような種のこと。第4章参照）のような役割を果たすことができる。これらの種が非常に豊富に生息し、川底に広がっている場合には、捕集網が一時的な洪水による被害に耐える補助となり、河川の構造をもとのままに維持するのを手助けしている。

また、川に沿って生育する樹木や低木は、陸水生態系の栄養補給にも重要な役割を果たしている。ほとんどの淡水生態系では、生態系の維持に十分な栄養分が循環していない。そのため、周辺の陸上環境は、毎年無数の枯れ葉が水中に落ちたり、土壌の有機物が水中に浸出したりすることで、重要な栄養補給を行っている。この物質は、陸水生態系を支えるために必要なエネルギーと栄養素の半分までを提供している。しかし、この枯れ葉や有機物のサブシディ〔経済学的には補助金。生態学的には主に系外から流入してくる有機物やエネルギーのことを指す〕がなければ、この物質を小さな粒子に分解する他の種類のカワゲラやトンボ、淡水エビなどの多様な種がいなければ、川の流れは止まってしまうだろう。これらのシュレッダー種は、葉を分解する過程で必要とされる栄養素を確実に消費している。しかし、彼らはまた、水中に浮かんでいるより小さな浮遊物の粒子を作り出し、それは網を紡いでいるトビケラや二枚貝のような他のフィルタリング種によって捕らえられている(蚊の幼虫も池で同様の役割を果たしている)。これらの分解・ろ過種が放出した老廃物は、川底の石の上に生える藻類の肥料となる。藻類は多様な草食昆虫、ザリガニ、魚類に栄養を供給している。また、トンボやイトトンボの幼虫、水生甲虫、そして私の究極の獲物であるマスがこれらの藻類を食べている。これらの異なる種類の生物が一緒になって、水生生物の食物網を構築し、それゆえに川の経済を支える壮大な養分サプライチェーン〔経済学的には物流の供給体制のこと。生態学的には食物網の中でエネルギーや養分の流れのことを指す〕として機能しているのだ。

しかし、物事はそこで終わらない。水の中で1年以上を過ごした後、これらの昆虫種のほとんどの幼虫は陸地に出てきて、その後成虫に成長し、ほとんどの時間を繁殖に費やすために飛び回る。成虫(釣りの言葉ではドライフライ)はもちろん魚の餌になる。しかし、養分の流れはそこから、成虫が周囲の森に住んでいる多くの小鳥の重要な食料源になり、陸上環境に戻って来ることで循環の環が完結する。これらの鳥たちの一部は、成虫の出現に合わせて移動し、生活史の多くの時間をかけている。1年のこの時期には、河川から出てくる成虫が、小鳥の食事の60~80%を占めるようになる。

これらの過程は、私の小さな川だけで起こるのではない。これらの過程は、密集した都市部の管理された水路から、より大きな自治体や郡の中の水路、さらには人里離れた原生地域にある壮大で手つかずの川まで、空間的に拡張可能である。私のお気に入りの川は、厳密な意味では原生地域とかけ離れたものかもしれない。しかし、それにもかかわらず、原生地域と多くの機能的な要素や過程を共有している。人はそれを信頼し、価値あるものとすることができるのだ。最も密集した都市部から最も人里離れた原生地域まで、生態系の内部の仕組みを科学的に研究することは、人間が周囲の環境とつながり、影響を与えるさまざまな方法を理解するのに役立つ。これは、自然の経済がどのように機能するかを説明する一般的な原則を導き出すものであり、人間が自然と相互に影響を与える度合いに応じて、異なる場所で期待できる生態系サービスの種類とレベルを示すものである。

生態系の中では、文字通り何千もの種がサービスを提供している。しかし、私たちが学んできたように、これらの種が実行しているのは、シュレッダーやフィルタリング、生産と消費のように、事実上、いくつかの重要な機能だけである。多くの生物種が、わずかな、似たような機能しか提供していないのであれば、私たちは本当にそれらのすべてを保存するよう配慮する必要があるのだろうか？　確かに、いくつかの種を失っても、それはそれほど有害なことではないだろう。もし私たちが一種や数種の種を失ったら、自然が提供するサービスは本当に大きく変わるのだろうか？

これらは、何十年にもわたって生態学者の心と研究努力を占めてきた基本的な問題である。生態学者は、そもそもなぜ多様な種が存在するのかを理解することを根本的な課題としてきた。それは、自然がいかに複雑であるかを明らかにし、理解するのに役立つからである。しかし、ニュー・エコロジーは、進化を遂げ相互依存関係を築いてきた種が複雑に絡み合っていることが、どのように、なぜ持続可能性に重要なのかを科学的かつ魅力的に描き出している。

ゲームとアーキテクチャ――植物の機能的相補性

種の中のすべての個体は、できるだけ多くの自分自身の遺伝的複写――子孫――を将来の世代に残すという、単純なゲームプランを持っている。このゲームを成功させるには、競争相手や敵を出し抜きながら、可能な限りの資源を調達する必要がある。さまざまな戦略が成功を収めることができるので、異なる能力を持つ個体がお互いに競い合うとき、異なる戦略が現れることがある。これが進化である。したがって、進化と生態学的プロセスは相互に強化された（別個のものではない）過程である。その全体を考慮して、生態進化ゲームとみなすことができる。

私が言いたいことを説明するために、手始めに植物を取り上げてみよう。植物は土壌からのミネラル栄養素や水、空気中の二酸化炭素などの原料を消費し、太陽のエネルギーで刺激を受けて、タンパク質、糖質、でんぷん質、脂質などの栄養素を含む植物組織を作るという戦略をとっている。これらはすべての生命の構成要素なのだ。植物はこれらの構成要素を、茎、葉、根など体の部分に配分している。茎の高さや太さ、枝分かれの程度などの植物の形質は、太陽の光を集めるために植物がどれだけ上に上がることができるかを決定する。茎や枝に付く葉の大きさ、形、位置などの植物の形質は、太陽の光をどれだけ集められるか、どれだけ水を保持できるかを決定する。根の長さや太さ、枝分かれの程度などの植物の形質は、土壌から吸収することができる窒素やリンなどの栄養素や水の量を決定する。植物は、茎、葉、根を作るための割り当て量を変えることができる。音符の基本的な組み合わせを入れ替えて無限の多様な曲を作ることができるのと同じように、植物は茎、葉、根への割り当てをアレンジして、目のくらむような多様な樹形形態（アーキテクチャ）とサイズを作ることができる。私たちは、これらの建築物、というよりもむしろ集合的に特徴のある構造を用いて、植物を種として識別している。彼らはゲームの成功を最大化するためにそれらを用いている。

しかし、そもそもなぜアーキテクチャが違うのか？　その答えは、最終的に異なるアーキテクチャがどのようにして、なぜ生じるのかを説明する進化の過程にある。

種の中のすべての個体が全く同じようなアーキテクチャをしているわけではない。茎、葉、根の形質は、遺伝子に情報化された体制によってある程度決まっていて、異なる方法で発達していく。このような多様性は、個体の能力の違いを引き起こし、それが異なる環境条件での成功の違いにつながるのだ。

例えば、植物の種の中には、長くてまっすぐな根が土の中に深く入り込んでいるものもあれば、短くて枝分かれした根を持つものもある。根の長い個体は、土壌の奥深くに養分と水がある場合には常に、根の短い個体よりも成長し、繁殖しやすくなる可能性が高い。根の長い個体は、利用可能な土壌の養分に対し優れた競争者になるため、自然淘汰によって有利になる。しかし、養分と水が土壌表面に近いところにある場合には、根の短い個体の方が有利になる。種の中でのこのような個体間の多様性は、環境条件の変化に応じて種が繁栄するのを助け、種の回復力を高めてくれる。

ここで、根の長い個体と根の短い個体の両方が、土壌の養分と水がほとんど浅いところにしかない場所を占めようとしていたとする。根の長い個体は不利な立場にあるため、そこでは希少な存在になるか、あるいは存在しなくなる。一方で短根の個体は繁茂してその場所を埋め尽くすだろう。これらの個体が、時間の経過とともに互いに交配するようになる傾向がありえる。彼らが子孫に遺伝子を受け渡した場合、最終的には、短根の個体数は局所を占有することができる。その個体群は、浅い土壌層から養分を吸収するように特殊化されていく。これが適応である。さらに彼らが、同時期に長い根の個体と交配する可能性が低くなったか、またはできなくなった場合、新しい種の誕生を見ることになるかもしれない。このように、同種の中での多様性は、種の多様性を生み出すことにもなる。そして、異なる種が異なる形態や大きさを持っていることを考えると、進化は同様により大きな機能的多様性をもたらす。これは、生態系の機能やサービスに重要な意味を持っている。

生態系の中では、養分や水が土壌中の広い範囲に行き渡ることがよくある。そのため、根の長い植物も根の浅い植物も、それぞれが異なる土壌層から栄養分を集めるように適応しているため、群集として一緒に繁栄することが可能である。この二つは異なる生態学的ニッチを占めていると言われている。さらに、養分は干渉したり競争したりするのではなく、補完的に集められるのである。これを機能的相補性もしくはニッチ相補性と呼ぶ(網目の大きさが異なるトビケラの餌の捕集の仕方も機能的相補性の一例である)。相補性は、利用可能な土壌の養分が植物群集のバイオマス構築（個々の植物が成長して群落となること）に使われる際の効率を高める。一次生産と呼ばれる植物群集バイオマスの構築は、生態系の重要な機能と考えられている。

また、根の深さにおける機能的相補性は、重要な生態系サービスを提供することも可能である。異なる土壌の深さに入り込むことで、二つの種が一緒になって土壌構造を維持することになる。2種が一緒に存在することで、短根種が存在しない場合には発生する可能性のある土壌表面の侵食を防止するだろう。また、根は水の浸透を可能にするさまざまな土壌層と土壌の多孔性を保護するが、これは長い根を持つ種が存在しなければ起こらない。

植物の機能的相補性は、他の方法でも生じ得る。同じ根の深さを持つ個体は、日光を手に入れるのに競い合うこともある。ある個体の方が、茎の高さや大きな葉に栄養分を配分する能力に優れている場合、他の植物の上に覆いかぶさって日陰にしてしまう可能性がある。しかし、栄養素が制限されている状況で配分を変えると、経済的なトレードオフを余儀なくされる。茎や葉に多くの栄養素を割り当てると、根に割り当てることができなくなる。繰り返しになるが、個体が自分と同じような個体と交配する傾向があるとすれば、異なる形の空間的相補性に関係する二つの種――あるものは日光を集めるのに特化し、あるものは浅い土壌の栄養塩を集めるのに特化した――が出現するかもしれない。また、同じ根の深さの個体でも、生活環における発達の時期や速度が異なる可能性がある。ある種は、ある季節に早く成長し、他の種よりも早

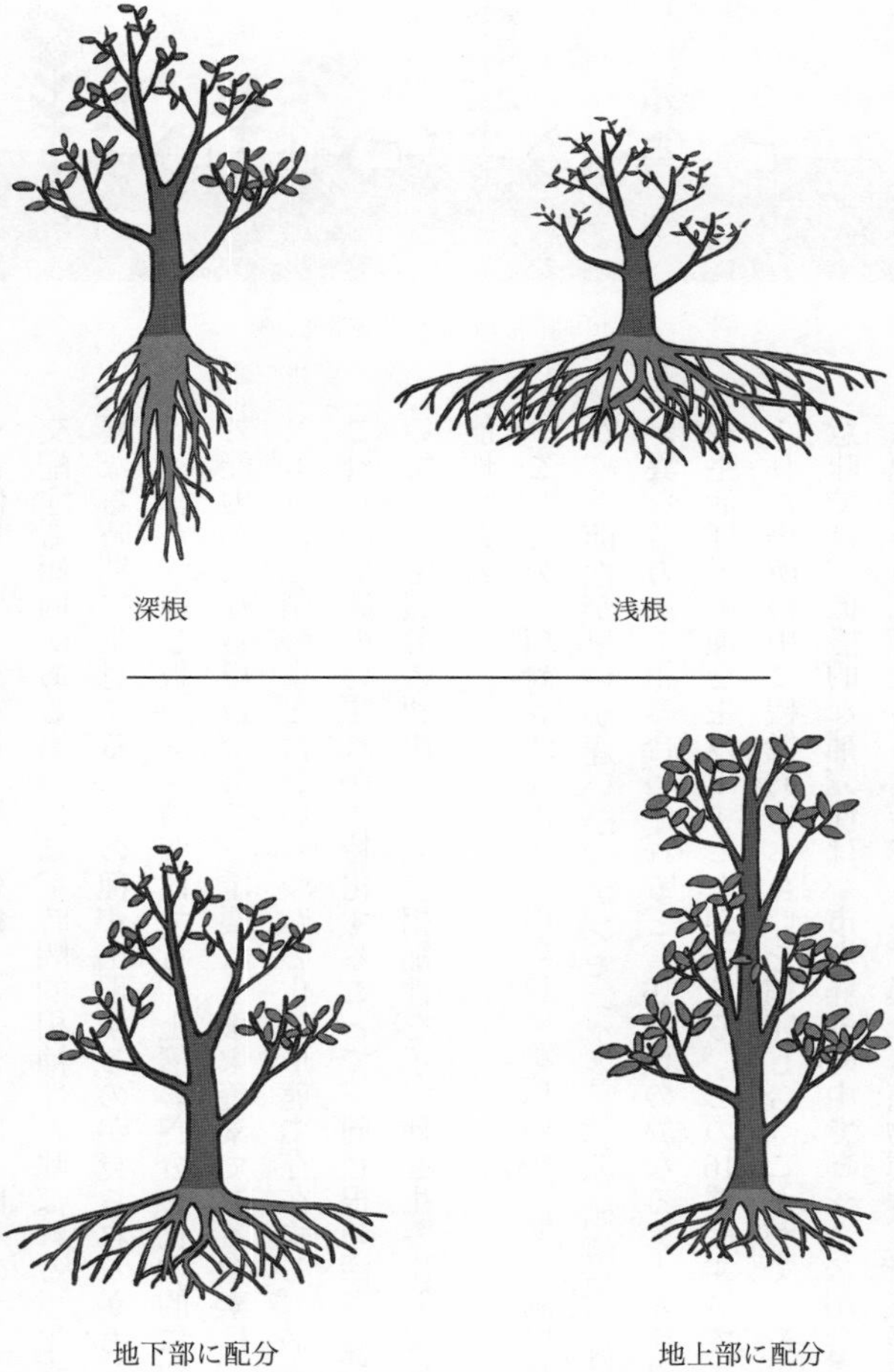

植物種の空間的相補性（七原諒亮作成）

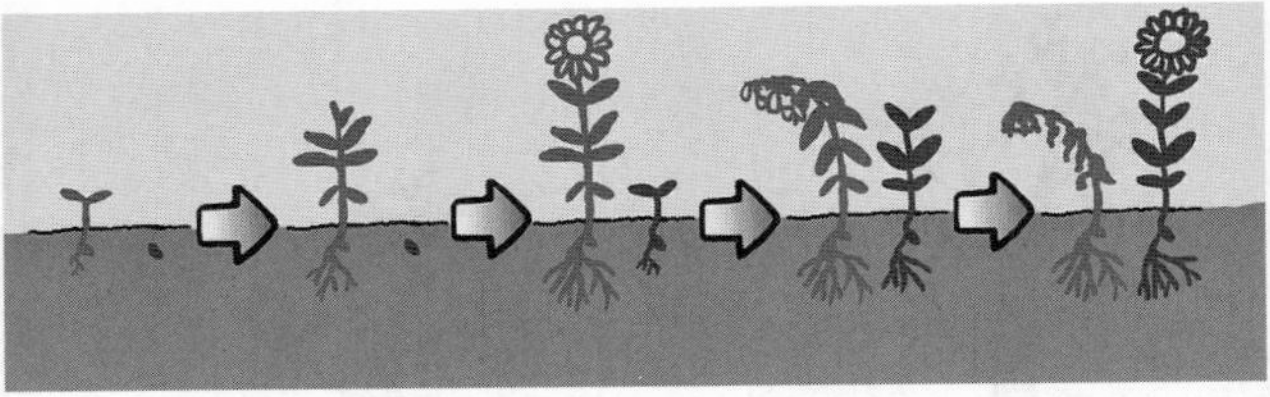

植物の時間的相補性（七原諒亮作成）

く老化し、早く繁殖し、早く死ぬ。このように、同じような個体が交配する傾向がある場合には、時間的相補性と呼ばれる、生育期の異なる時期に生息する二つの種が出現するのが見られるかもしれない。また、同じ根の深さの個体でも、土壌の養分を化学的に利用する能力が異なる場合がある。重要な土壌栄養素である窒素は、アンモニウムと硝酸塩を含むいくつかの化学形態で存在する。植物は、これらの形態のいずれかに特化することで、同じ根の深さを持っていても、栄養分の利用において相補性を示す種を生み出している可能性がある。

これらの二項対立的な形質（根が長いか短いか、茎が高いか短いか、季節性が早いか遅いか、アンモニアを好むか硝酸塩を好むか）が異なる方法で組み合わされると、16種類の異なるアーキテクチャや生活様式の種を生み出すことができる。この16種はすべて、与えられた場所の中で機能的にお互いを補完し合うことができる。ある意味では、機能的な補完性は、市場経済の中でビジネスが行うことに似ていると考えることができる。異なる植物種は、自然経済の中で「市場」のシェアを奪い合い、その特徴的な能力を利用して繁栄しているのである。多様な種の補完は、多様性の低い補完よりも利用可能な資源をより効率的に利用することになる。その結果、種の多様性の低い群集では実現できない、より高い生態系の生産性が得られることになる。

植物種の空間的相補性の場合、群集の中で共存して異なる機能を発揮することを可能にするそのアーキテクチャのために、異なる外見を持つことがある。しかし、時間的相補性や栄養利用の相補性の場合、異なる植物種は機能が異なっていても、非常に似ているように見えるかもしれない。このように、外見が似ているということが生態系の中で同じ目的を果たすことを意味すると仮定して、種を優先順位付けするのは愚かなことであることを生態科学は示している。

植物の特徴の進化は、乾燥から湛水、凍えるような寒さから高温多湿、持続的な風の強い場所から穏やかな場所、日当たりの良い場所から日陰まで、さまざまな環境条件に対応することを可能にしてきた。これらの適応により、植物は地球上のほぼすべての場所に生息し、どこに根を張っても生態系の基盤を作ることができるようになった。

しかし、生態系は植物の多様性だけで成り立っているわけではない。それらの植物を食べる草食動物の多様性がある。その草食動物を食べる肉食動物の多様性がある。死んだ有機物を分解する分解者や微生物の多様性がある。進化的な多様化の過程で、草食動物、肉食動物、分解者、微生物の異なる種が生まれることがある。多くの場合、これは種間のゲームを含んでいて、種内の個体間のゲームだけではない。例えば、ある参加者(餌生物種)がその消費者から逃げるために適応すると、消費者はそれに対抗する手段を順応させる。このことは種間の依存関係が緊密に織り込まれ、機能的な役割の多様性をもたらす。重要なことは、これらの依存関係は静的なものではなく、種は絶えず変化し、お互いに適応して繁栄できるようにしているということである。これは、第1章で述べた自然の変化可能性に貢献する過程であり、生態系の機能を社会に持続させるためには保存しておかなければならない過程なのだ。

植物を食べる草食動物との関連で、植物をもう一度考えてみよう。ほとんどの草食動物の種は、茎、葉、根の組織を食べる。また、多くの植食性昆虫種は、植物の樹液や植物の蜜や花粉を食べたり、葉の組織に潜ったりする。植物の根を食べる昆虫や線虫もいる。部分的に食べられることは植物の生存および繁殖を最大にする機能を損なうので大いにコストがかかる。植物はその対策として、植物器官を食料としてあまり望ましくないようにするために、防御特性を広く進化させてきた。

植物の種類によっては、針や棘を出して構造を変えるものもあれば、茎や葉の強靱性を高めるものもある。これらの戦略は、草食動物が植物材料を噛みちぎったりモグモグ食《は》んだりすることを困難にし、植物組織がシリカやリグニンで強化されている場合のように、草食動物が口唇を摩耗させる原因となることがある。草食動物の種によっては、力学的な適応で対抗してきたものもある。森に住むアフリカのレイヨウに見られるような細くて自由に動かせる口の部分が進化したことで、針と棘の間で口を動かすことができるようになったのだ。他の種ではバイソンやサイのように頑丈で押しつぶすような口が進化したことで、葉の強靭さを克服することができるようになった。

いくつかの植物種は、植物繊維を多く生産したり、消化酵素の働きやタンパク質の吸収を妨害したり、草食動物が植物を消化する能力を低下させる化学物質を生産することで、自分自身の消化を困難にさせようとしている。お茶やワイン、ブドウなどの苦味であり、唾液を口の中で変性させるタンニンはその一例である。草食動物は行動や体の大きさで対応し適応している。草食動物の中には広範囲摂食性になるものもいる。植物種の多種多様なものを食べることで、特定の植物種の特定の防御物質濃度を大量に摂取する可能性を減らすことができる。多くの場合、これは広く歩き回ることができるように大きな体を持っている必要があるだけでなく、彼らは植物を長時間反芻する必要があるため、それを保持することが可能な大きな腸を持っている必要がある。他の草食動物は、あまり強く防御されていない希少でわずかな植物を食料とするために、小さな体のサイズに特化してきた。

植物の中には、高濃度で死に至る毒素が入っているものもある。シナモン、ナツメグ、メース、オールスパイス、ミント、コショウ、マスタード、唐辛子など、日常生活で使用するスパイスには低用量の毒素が含まれており、人間はそれらに依存している。ニコチン、カフェイン、モルヒネ、コカイン、ストリキニーネ、キニーネを含む他のものは、使用方法によっては人間にとって有用であるかもしれないし、そうでないかもしれない。これらの薬物は、草食動物にとって、酵素機能、タンパク質やDNA合成、細胞膜構造、神経伝達などの生理的障害を引き起こす可能性がある。これらの薬物を大量に摂取すると、吐き気や嘔吐から幻覚や痙攣まで、あらゆる不快感を引き起こし、極端な場合には死に至ることもある。ほとんどの草食動物は、これらの植物を完全に避けようとする。一方で、イモムシのようにその植物を食べ、自分の体の組織に毒素を貯めておく生理的能力を進化させてきた生物もいる。巧妙なことに、彼らはこれらの隔離された薬物を利用して捕食者を撃退しているのだ。

植物にとって花粉は貴重なものだ。花粉は子孫を残すための鍵を握っている。植物は時に薬物で花粉を防御する。しかし、防御が多すぎると、ある植物から別の植物へ花粉を媒介する送粉者が植物を訪れなくなり、潜在的な繁殖の失敗につながる可能性があるため、このようないくつかの機能の間に折り合いが生じる。その結果として植物は、人間が深く賞賛して栽培する複雑な花の大きさ、形、色のすべての多様性を生み出してきた。しかし、機能的には、花は花粉を収集し、同種他個体に花粉を伝達する送粉者を引き付けることを目的としている。植物種は、それぞれ、一つまたはいくつかの送粉者種を引き付けるように調整されている独特な花の形と色を生み出すことができる。多くの場合、蜜は魅力的な報酬の一部である。このように植物は、送粉者のために他の植物種との競合を最小限に抑えることができる。これにより、自然界では、共進化した植物／送粉者提携の多様性が生まれている。それゆえ、人間による優先順位付けや無関心によって植物種を失うことは、植物種そのものを超えた結果をもたらす。それは、その植物種に密接に依存している送粉者の種(このような種をスペシャリストという)の損失を促進する可能性がある。したがって、そのような密接な相互依存関係は波及効果をもたらすと考えられる。人間は、特定の植物と緊密な関係を持たない送粉者(このような種をジェネラリストという)であるヨーロッパミツバチに大きく依存することによって、これらの緊密な相互依存関係を回避しようとした。しかし、私たちはここまで学んできたように、このような回避は人間にとって危険な結果をもたらす可能性があるのだ。

植物はまた、蜜のご褒美や他の食物の報酬を利用して、他にも工夫を凝らした方法で相互依存関係を作り出している。特に、アリのような攻撃的な種を誘引するために、茎や葉の上に食物を含む構造物を作ることがある。アリは自然の用心棒である。アリの存在は、植食性昆虫が餌を取ることを怖がらせたり、餌をとっている最中に嫌がらせをしたりしてあきらめさせてしまう。しかし、植物からの食料報酬がない場合、アリはこのサービスを提供しない。

また、一部の植物は、揮発性化合物と呼ばれる特定の化学物質群を用いて、間接的に草食動物を撃退している。揮発性化合物は、植食性昆虫が草を嚙み始めて被害を与えるたびに、「香水」と呼ばれる匂いの噴出物として空気中に放出される。この臭気は飛んでいる捕食性昆虫を引き付け、植食性昆虫が特定の植物を食べているところにやって来させることを可能にしている。この相互作用を達成するために行われた進化の段階はとても複雑で、これまでのところ私たちの想像力を超えていると言えよう。

機能的冗長性——危機における多様性の意義

生態学者は、このように進化した多様性とそれに伴う動態のすべてが生態系の機能にどのように関係しているのかを理解するために努力してきた。そのために、現場での実験に頼ってきた。最も信頼できる科学的方法は、研究者が一つ以上の要因を操作し、その結果を測定し、測定された結果の違いが操作した因子によるものだと考えることを必要とする。多様性と機能の関係を調べる実験では、ある場所で種の多様性を操作し、その結果として得られる生態系機能のレベルを測定する。これまでのところ、このような実験は主に草地の生態系において、多種多様なイネ科植物や野生植物を用いて行われてきた。

草原は、多様性や機能的な関係性についての考えの重要な実験場となっているだけでなく、実用性やコストなどの理由からもここで実験が行われている。多くの異なる圃場に植物を播種し、一年から数年の間にかなり早く結果を得ることが可能だ。森林や湖、海など、他の生態系で実験を行うことは確かに不可能ではないが、そのような場所で実験を行うことは、しばしば実現性の点で困難である。例えば、森林の生態系での実験は、膨大な空間と時間を必要とするため、困難を極める。数年間に数ヘクタールの草原で学んだことを、森林での実験で行うには数平方キロメートルの空間と、何十年、何百年もの時間が必要になる。しかし、植物の種は同じような進化の過程を経て形成された進化の遺産を共有している。さらに、同じ生態学的原則は、サンゴ礁や熱帯林のように進化の歴史が異なる、大きく異なるシステムにも適用できる。このように、草原について学んだ原則は、他の生態系にも応用可能なのだ。つまり、生態学者は、自然がどのように機能するかについての十分な実証を押し進めるために、地球上の隅々まですべての部分を研究する必要はない。

草原の多様性／機能実験は、通常、標準的な手順に従っている。多様性は圃場内の区画で操作される。広さが2〜4平方メートルで、下地の土壌特性が似ている個々の区画には、最初に自生の野草またはイネ科植物の単一植物を播種する、または野草とイネ科植物のランダムな組み合わせで32種までの複数種を播種する。その後、区画の機能性は、生育期における植物のバイオマス生産量として測定される。この実験では、それぞれの種の単独栽培から、より多くの植物種の複数栽培へと多様性が増すにつれて、生産量や収量がどのように変化するかを推定するように設計されている。実験では、多種栽培は単種栽培と比較して、収量が2倍以上になることを示している。つまり、植物の多様性は草地の生産性を著しく向上させるのだ。多種栽培での植物は、植物が資源を利用する方法を補完的に進化させているため、利用可能な土壌の養分を単種栽培よりも効率的に用いることができる。

生態学者がこれらの知見に自信を持っているのは、多くの場所で行われた多くの研究の結果だからだ。実験場がスウェーデン、イギリス、アイルランド、ドイツ、スイス、ポルトガル、ギリシャ、米国のいずれであっても、同様の結果が観察されている。例外として、植物の多様性が生産性にほとんど影響を与えていないか、あるいは全く影響を与えていないと思われる場合もある。自然界では、実験に利用できる植物種や、背景となる土壌や環境条件など、実験場の固有の特性が原因で例外が発生することがある。一つの実験でも例外的な結果が得られる可能性があることから、異なる場所で実験を繰り返すことの重要性が強調されている。実験を繰り返さないと、問題解決のための科学の利用が歪んでしまう。これは、単一の実験に基づいて結論を下すと、一般性を推定するにあたり隠れた偽陽性が含まれる可能性があるからである。さらに、一つの実験で効果がないというまれな結果が出たとしても、まともな科学者であればその知見を適用することはない。しかし、繰り返し実験を行い、より妥当性の高い結果が得られたとしても、それでも偽陰性になる可能性が残されている。偽陰性は、重要な発見を逃してしまうことになる。このように、全く同じ実験を異なる場所で繰り返すことは、誤った結論に基づいて政策や解決策を立案する可能性を最小限に抑え、信頼できる科学的知識を構築するために必要な前提条件なのである。科学者はしばしば、「もっと研究が必要だ」と言って政策立案者を苛立たせている。これは一般的には、より多くの研究を継続するために、より多くの資金を確保するための薄っぺらい策略と考えられている。しかし科学者が言いたいのは、誤った政策を作るリスクを軽減するために、まれな例外から得られる結果を区別できるように、より多くの繰り返しが必要だということである。

反復のある多様性／機能実験は、多様性の低いシステムよりも多様性の高いシステムの方が侵入種を撃退する可能性が高いことも教えてくれた。相補性は、在来植物による空間の緊密な利用をもたらすのに有効で、地上と地下の空間を利用して侵入種を撃退するため、それによってシステムが安定することになる。

また実験により、多様性の低いシステムは、より多様性の高いシステムよりも干ばつのような極端な擾乱に耐えられないことも明らかになっている。種多様性の高いシステムは、多様性の低いシステムよりも、異なる環境耐性を持つ種のポートフォリオの幅が広い傾向がある。このように耐性の高い種がより多く存在することで、他の耐性の低い種が衰え始める一方で、攪乱に直面しても生態系の機能を維持するための性能を向上させることができる。株式や債券の多様なポートフォリオが不安定な市場経済におけるリスクの軽減に役立つのと同じように、自然界の経済における多様な種のシステムは、多様性の低いシステムよりも収入の損失リスクすなわち機能を失うリスクを軽減できる可能性が高い。

さまざまな種が嚙み合って作用し、生態系の機能的完全性を維持するという方法は、機体の機能的完全性を維持するために他の部品と組み合わさって作用する飛行機の鋲に例えられている。鋲は、金属の板を機体に固定し、飛行機が飛べるように全体の構造を保持する。鋲仮説は、数個の鋲(種)をランダムに失っても構造物(生態系)全体がバラバラにはならないだろうという考え方を提示している。しかし、鋲の継続的な損失は、最終的には機能の壊滅的な崩壊につながるだろう。

鋲仮説は、すべての種が独自の役割を果たしており、したがって、それぞれが生態系の構造と機能を維持するために不可欠であると仮定している。しかし、ほとんどの野外実験では、種の多様性が増加するにつれて機能のレベルが上昇し、その後飽和することが示されている。つまり、ある一定のレベルを超えると、多くの種が独自の機能的役割ではなく似たような役割を果たしているため、多様性が増加すると種数増加に対する機能の増加率が低下する傾向があるということだ。つまり、生態系内の種の間には機能的な冗長性があるのである。

機能的冗長性は、環境条件の変化に直面しても生態系の機能とそれに伴う生態系サービスの提供の安定を確実なものにする。冗長性のある種は完全に似ているわけではなく、異なる種類の攪乱に対する耐性に多少差がある。冗長性は、与えられた攪乱に耐え、生態系の機能を望ましいレベルに維持できる種が常に存在するという意味で、保険サービスを提供している。冗長性はまた、各株式(種)の成績が時間の経過とともに変化する投資ポートフォリオに例えることができる。しかし、成績の変動は同期的ではない。ある種はある条件でよく機能するが、別の条件でよく機能する種もある。ポートフォリオ効果は、環境条件の変化に応じてお互いを補い合い、全体として生態系機能の望ましいレベルを維持する種の集合体があることで機能する。

このように、冗長性は、外乱に見舞われたときに生態系の機能が失われないようにするのに役立つ。それは、外乱から迅速に回復するための回復力を生態系に与える。冗長性は、生態系の機能レベルの変動性やその幅を和らげることで、生態系が信頼性の高いサービスを提供することも助ける。

機能的冗長性が保険とポートフォリオ効果を提供するという考え方は、生態系内の草食動物種や肉食動物種など、同様の摂食(栄養)関係を持つグループ内での種の多様性を考える際に有用である。しかし、生態系を構成し、それによって食物連鎖の「足場」を構築している栄養段階群(すなわち、植物、植食者、捕食者、分解者など)にも多様性がある(第2章を参照)。生態系内の栄養段階群に含まれる種の多様性と栄養段階群自体の多様性の組み合わせは、食物網と呼ばれる相互依存的な複雑に織り成されたネットワークを形成する。食物網は、エネルギーと物質の流れのための多様な経路やパイプのネットワークとして想像することができる。複雑な食物網は、多くの種が高度に結びついた被食 - 捕食関係を伴い、エネルギーと栄養の流れに多くの冗長な経路を持っている。この広い冗長性は、ある種がシステムから失われた場合に、生態系のすべての部分への流れを確かなものにするための迂回路を提供するため、生態系の安定性を高めることにもなる。迂回路が利用できないために主要な高速道路の渋滞に巻き込まれたことがある人や、一本の幹線回路だけが配電網に接続しているために長時間の停電に苦しんだことがある人は、流れの経路や管の多様性を持つことの重要性を理解しているだろう。

海洋、淡水、陸上の食物網の特性を分析すると、多様な経路があるにもかかわらず、栄養素とエネルギーの大部分はいくつかの主要な経路に沿って流れていることが明らかになった。異なる栄養段階群のそれぞれに含まれるごく少数の種が、その豊富さやエネルギーや栄養塩の消費と利用において、常に支配的な状態にある場合がある。これらの種は強い相互作用者と呼ばれ、生態系の過程に最も強い影響を与える種である。異なる栄養段階の他のほとんどの種は影響が弱いため、弱い相互作用種と呼ばれている。種の影響の強さは、ある生態系から特定の種(この場合は北方林からオオカミを失うこと)を失うことの機会費用を決定するために、先に説明した手法〔柵を用いてその場所からヘラジカを排除するような実験。第2章参照〕を用いて実験的に決定される。このような実験では、特定の実験圃場や場所から注目する種を除去し、生態系の正味の機能を、その種が存在する圃場や場所と比較することが必要である。その種がいない場合の生態系機能のレベルに大きな割合の変化があれば、強い相互作用者とみなされ、逆の場合は弱い相互作用者とみなされる。

食物網における各種の強さを定量化するには、系統的に一度に一つ以上の種を除去して比較を行う必要があるため、非常に複雑になることがある。このような研究は、エネルギーと栄養塩の最も安定した流れを提供するために、種がどのように適合するかについて、印象的かつ直感に反する洞察を提供している。数多くの弱く相互作用する種が一緒に活動することで、生態系を安定化させる重要な力となりうることがわかってきたのだ。これは、多くの弱く相互作用する種が集団的に、少数の強く相互作用する種の影響を相殺するからである。つまり、強く相互作用する種は、生態系の機能やサービスの乱高下を引き起こしたり、生態系を崩壊させたりするような方法で資源を酷使していると考えられている。弱く相互作用する種は、資源の一部を適切に利用し、それによって強い相互作用者による「暴走」消費を相殺するため重要なのだ。

ここでの教訓は、人間は保全のために種を価値づける方法を変える必要があるかもしれないということである。通常、私たちは生態系の中の個体数が多く強力な相互作用者を大切にする傾向があるが、それはその役割が私たちの目に見えているからだ。生態系の中で元来希少な種は、その影響が比較的弱いために無視されることが多い。しかし、これらの希少で弱い相互作用を持つ種は、それぞれが強力な種の影で働いている間に、強い相互作用者の影響をまとめて打ち消してしまうことがある。これらの種は、生態系をつなぎ合わせる重要な糸を提供しているのだ。生態系の機能とサービスの信頼性と持続可能性を保証するためには、弱い相互作用者の多様性を保全することが、少数の支配的な種を保全するのと同じくらい重要かもしれない。これは、同じ市場シェアを求めて競争する大企業、中堅企業、中小企業の多様性を持つ市場が、独占企業だけの市場よりも信頼性と公平性の高い製品を提供するようなものである。

結局、生態系の中で多様性を維持することで、環境変化に適応するための幅広い選択肢を確保することができる。そうすることで、生態系サービスを維持するために選択できる種のポートフォリオを確保することができるのである。また、条件の変化に応じて、種の中の遺伝的多様性や群集に含まれる種の多様性を選択するための進化的な能力を生態系が持っていることを保証する。次の章では、この多様性を変化させることで、人間がどのように生態系に影響を与えることになるかを論じる。

第4章　飼い馴らされた自然

生態系エンジニアたち——ビーバー、シロアリ、人間

オンタリオ州中央部の小さな町の端に、小川に接する小さな森と隣接する牧草地がある。人格形成に深い影響を受けたその場所から何十年も離れていた私に、そこを訪れる機会があった。その昔、両親が子供たちを放っておき、1日中自由に周囲を探検することを奨励されていた世代に私は属している。リチャード・ルーブが、『あなたの子どもには自然が足りない』(邦訳・早川書房)で切実に訴えたような豊かな子供時代を私は送った。私は、いつの季節も、一日のいつでも森という特別な場所に行くことができ、それに没頭していた。呼吸し、森の空気を嗅いで、聞いて、観察し、触れて、その驚異を発見することができたのだ。

この場所には、多様な鳥類が生息しており、お互いを引き立て合うように生息空間を占有していた。ヨタカ、ヤマシギ、ライチョウのようないくつかの種は地上に住んでいること、ツグミやヒタキのような他の種は低層の低木の中に住んでいること、ムシクイのような他の種は樹

冠の上の方に住んでいることを私は発見した。これらの種は、生息地の一部に溶け込むように、さまざまな色をしていた。また、食べものに対応するために、さまざまな形や大きさのくちばしを持っていた。森と草原の間を飛び回る彼らを見た。草地はいつも蝶や蜂、バッタや甲虫であふれていた。夏の間、ずっと彼らが成長するさまを観察していた。昆虫の生活環がどのように機能しているのか、また、さまざまな野草の種の成長と発達の変化に合わせて、どのように正確に時期を合わせているのかを発見した。森や野原の縁で私が初めて見た、体長20インチにもなるエボシクマゲラは、北米のキツツキの中でも巨大な存在だ。そこでは初めてカンジキウサギに遭遇し、冬の間の白から残りの季節は茶色の毛色に変化することを学んだ。雪の中で動物の足跡を読み、どの種類の動物が足跡を残したのか読み解くことを学んだ。このような豊かな自然史の知識を得ることは、まるで修行のようなものだった。それは、私がもっと多くのことを学ぶことへの興味を焚きつけた。それは、自然の営みを正式に研究するための準備をしてくれたのだ。それが私が生態学者になることを選んだ理由だ。

だから、20年ぶりに戻ってきたときには、その場所がすっかり変わっていたことに衝撃を受けた。小川が堰き止められていて、原っぱとその周辺の森全体が大きな貯水池で水浸しになっていたのだ。かつて青々としていた木々の多くは切り倒され、残りはただの枯れ木と化していた。私にとって馴染みのある生き物はどこにも見当たらなかった。

このような土地の転換は、生態系の機能、特に生態系に流入する炭素や栄養塩のバランスを大きく変えることにもなる。樹木を切り倒し、土地を水浸しにすることは、水生生物の食物連鎖を支えるための有機物の流入が通常の4分の1ほどになってしまうことを意味する。それでも貯水地に入ったわずかな有機物は、落ち葉を粉々にするシュレッダー種や水中の浮遊物を濾し取って食べるフィルター種のような河川水生生物がシステムから失われたために、水中に懸濁したままになる。水域食物連鎖の中で、このことは翻って、炭素と窒素を取り込んで水中での濃度を低下させ循環させる藻類の働きを低下させる。代わりに、水中に住んでいる細菌が有機物を分解する。この細菌は、以前の状態の川が放出したであろうものと比較して、単位面積あたり約3倍以上の二酸化炭素の放出を促す可能性がある。このバクテリアの働きは、二酸化炭素よりもはるかに強力な温室効果ガスであるメタンも放出する。

人は激怒し、この素晴らしい場所で誰がこんなことをしたのだと思うかもしれない。しかし、ビーバーのコロニー〔ダム〕に怒りを覚えることができるだろうか？　彼らはただ、自分たちの要求に合わせて環境を変化させる生態系エンジニアとして、進化で獲得した役割を果たし続けていただけなのだ〔近年米国ではビーバーが分布を拡大し、各地でこのようなことが起こっている〕。実際貯水池には、私が慣れ親しんだ種ではないが、生命があふれていた。草地の野草は、スゲ、リュウキンカ、ガマ、スイレンなどの水辺を好む種に取って代わられた。カモ、サギ、カワセミ、ハゴロモガラスなどの水鳥もそこに住んでいた。陸上の昆虫は、アメンボやタイコウチ、カゲロウやトンボ、ミズスマシやゲンゴロウなどの水生種に取って代わられた。そしてもちろん、今では池にはカエルや小さなカメが生息している。ビーバーはこのあたり一帯の物理的な構造を変え、植物、植食者、捕食者、分解者の全く異なる種の組み合わせを引き寄せることで、新たな食物連鎖を構築する環境を作り、それによって新たな自然経済を生み出したのである。ビーバーのコロニーは、自分の要求に合わせて効果的に自然を制御したり搾取していると も言える。

ビーバーのダム（Ⓒ Minden Pictures/Nature Production/amanaimages）

生態系エンジニアについて考えるとき、ビーバーは多くの種の中で最初に思い浮かぶ種であろう。しかし、特にシロアリはより大きなスケールで物事を改変することができる。確かに、シロアリは市街地環境にとって悪名は高い。木材でできたものは何でも害してしまうシロアリを、私たちは普通完全に駆除してしまう。しかしアフリカのような場所では、サバンナ生態系の空間的なパターンを作り出しているため、そこに存在する植物や動物の大規模な多様性にとってシロアリは有益に働く。

空間的なパターン形成は、生態学者が自己組織化過程と呼ぶものから生じる。つまり、大袈裟でなく景観を構造化する力があるのだ。空間的なパターンは、シロアリが生活することで創発的に現れる。

シロアリ塚のコロニー(©Auscape/Nature Production/amanaimages)

例えば、シロアリは、地下1メートル以上から地上数メートルまで伸びる大規模なコロニーに生息している。巨大なアリ塚で作られたコロニーは、古代の枯れた木の幹のような形をしている。実際には、アリ塚は、コロニーの中で1年中安定した環境条件を維持するために換気を行う自然のエアコンになるように作られている。また、アリ塚はコロニーの採食縄張りの中心にもなる。隣接するコロニーのメンバーと遭遇し、競合した際、この中心場所からやって来たシロアリの採食行動が妨げられる。驚くべきことに、この行動によって景観全体でシロアリコロニーが非常に規則的な空間配置になるのだ。

また、アリ塚の近くの土は、何メートルか離れた場所に比べて砂質化し、この砂質化した部分は草で覆われた状態になる。この砂質土壌は、水の浸透、通気を促進し、アリ塚の周辺に栄養分を蓄積させる。景観を俯瞰してみると、何マイルもの等間隔のアリ塚が等間隔の水分と栄養分の「オアシス」を作っていることがわかる。濃縮された水分と栄養分は木の成長を促進し、植食性昆虫やクモ、トカゲといった捕食者で構成される食物連鎖の構築を促進する。シロアリのコロニーは、一次生産のための養分供給を促進することにより、新たな自然経済を構築し、植食者への養分の流れと捕食者への養分の流れとして二次および三次生産を支えている。また、シロアリはコロニー内で菌類を養殖し、木材繊維を分解させ、それによって放出された栄養分を消費する。放出された栄養分は、アリ塚の周辺に生育する植物にも栄養を与え、生産性のホットスポットに貢献している。

景観全体に均等に現れるこれらの生産性ホットスポットは、シマウマ、バッファロー、シロサイ、インパラ、オグロヌーのような数多くの広範囲にわたる大型哺乳類グレイザーや、レイヨウやキリンのような大型哺乳類ブラウザー〔グレイザーは地面に生える草を食べる食べ方でブラウザーは地面より高い位置にある木本植物などを食べる食べ方〕を引き付け、支えている。もちろん、ライオンやヒョウなどの大型肉食動物もそれに続く。

生態系エンジニアは、変化の主要な仲介者である。彼らは新しい環境に侵入し、自分たちのニーズに合わせて環境を変化させる。彼らは日常的に一つの生態系とそれに関連する自然経済を破壊し、別の生態系を構築するだけである。この意味では、人間とその行動も例外ではない。他の生態系エンジニア種のように、人間は単に環境を変容させる性質を表現しているにすぎないし、それは自然に進化したものである。しかし人間は、自分たちの要求に合わせて世界を再エンジニアリングするという点では例外的であり、この過程は「自然の飼い慣らし」と呼ばれてきた。人間が自然を家畜化していることは、多くの面で警鐘を鳴らすことになる。それは、人間が地球上の生命の進化の歴史と本質的な価値観を無視していることへの懸念を呼び起こす。それは、人類を支える生態系の機能とサービスへの脅威についての懸念も感じさせる。ニュー・エコロジーは、ますます飼い慣らされた世界が、自然の内部の働きにとって何を意味するのかという問題に取り組んでいる。生態学的な科学研究はすでに、持続可能性を危うくする可能性のある生態系への重要な影響を明らかにしつつある。しかし、そうすることで、生物種が人間によって引き起こされた変化に反応する興味深いやり方も新たに発見されつつある。人間による自然の飼い慣らしは、環境問題を解決するために生態学的、科学的に明らかにされるべきだが、多くの伝統的な生態学的理論の妥当性に重要な課題をも示している。生態学者たちは、自然がどのように機能するかについての新しい理論を発展させ始めることで、これに対応してきた。

断片化する景観

人間は、食料、住宅、交通、エネルギー、技術などの需要を支えるために、景観を作り変えている。世界的に、農業、伐採、鉱業、建設などの企業によって景観が変化してきた。実際には、地表の約50％が作物や家畜の生産地に変えられ、そのうえ世界の森林景観の半分は、単一の土地利用が目的となっている。

シロアリと同様に、農地への人間によるエンジニアリングは、生産性のホットスポットを効果的に作り出す。農作物は、他の植物種と同様に、肥沃な土壌と、豊富で多様な土壌生物相の形成と維持に支えられている。作物生産は、植食性昆虫を引き付けることで、新たな食物連鎖を構築する機会を生み出している。しかし、人間はその生産物を消費するため、これらの植食性昆虫を害虫として扱っているが、自然の天敵による生態系サービスを利用することで、害虫による作物の被害を抑制することができる。栄養段階波及効果の生態学的原理を適用することで、生態学者は、昆虫を攻撃するために自然の天敵個体群を農地に引き寄せたり、放逐したりして、作物への影響を減らすことができる。しかし、このような方法は成功率にばらつきがある。成功するか否かは、農地周辺の景観に天敵の生息地があるかどうか、また、捕食者の形質が特定の害虫種に適しているかどうかにも依存する。適切な捕食者を見つけるためには、しばしば長い試行錯誤を必要とする。そのため、即効性と信頼性を確保するための人間による工学的な方法では、天敵の使用を全く行わず化学農薬を使用したり、植食性昆虫に抵抗する遺伝子組み換え作物を栽培したりすることが多いのである。

他のエンジニア種と同様に、人間が行う元の土地から作物生産への転換から生じる経済は、それを設計した人間のニーズを満たすために作られている。しかし、他の種とは異なり、そのような人間の変換は、一次生産性のすべてをたった一つの種に向けるように明示的に調整されている。この事業のための土地を拡幅し、さらに木材や燃料のために森林を利用することで、人間は食物連鎖から生産性を奪い、流用し、それによってより少ない生物多様性を支えているのである。生産のシェアを争う不要な種を排除することで、作物生産のための土地を飼い慣らすことは、新たな食物連鎖を構築するのではなく、積極的に食物連鎖を断ち切ることになってしまっている。また、一握りの選ばれた作物の単一栽培を行うことで、種の多様性をさらに均質化する。

生態学者は、人間が地球の潜在的な一次生産量の約25～30％を自分たちだけのために使っていると計算している。これらの数字は、人間による土地の改変や搾取が全く起こらなかった場合の地球上の植物生産性と、現在の飼い慣らされた状況下で残された量との差に基づいて推定している。

このような計算は、最先端の地球観測衛星技術を利用することで可能になる。人工衛星を使って、宇宙から地球全体を遠隔で時系列のスナップショットとして撮影している。この画像から、地球全体の土地利用の違いがわかるのだ。また、地球をリモートセンシングすることで、地球全体の植生の状態を迅速に把握することができる。これはそれぞれの種類の植物の光合成に利用される異なる波長の光で較正される指数――正規化植生指数(NDVI)――に基づいている〔このNDVIの他にもさまざまな指数が考案され、より正確な生産性の推定が試みられている〕。この指数は一次生産が森林か草原かあるいは他のタイプの植生であるかどうか、あるいはそれが海または湖の水生植物からのものであるかどうか推定するのに使用することができる。この指数は、世界中の植物の生産性が高い場所、あるいは全く生産性がない場所をごく小さな点で特定し、その生産性が整地や土地の変質によるものかどうかを示している。画像を比較することで、土地利用の時間変化を明らかにし、どこで最も変化が起きているのか、どこに向かっているのかを明らかにしている。

現在の変化のペースが衰えることなく続くと仮定すると、21世紀半ばまでに人間が世界の一次生産量の約45%を独占してしまうと生態学者は推定している。その多くは、急増する世界の人口や家畜を養うために使用されたり、バイオ燃料、薪、建築材料として使用されたりしている。人類による生態系エンジニアリングと飼い慣らしの離れ業、そしてその世界的な広がりは、

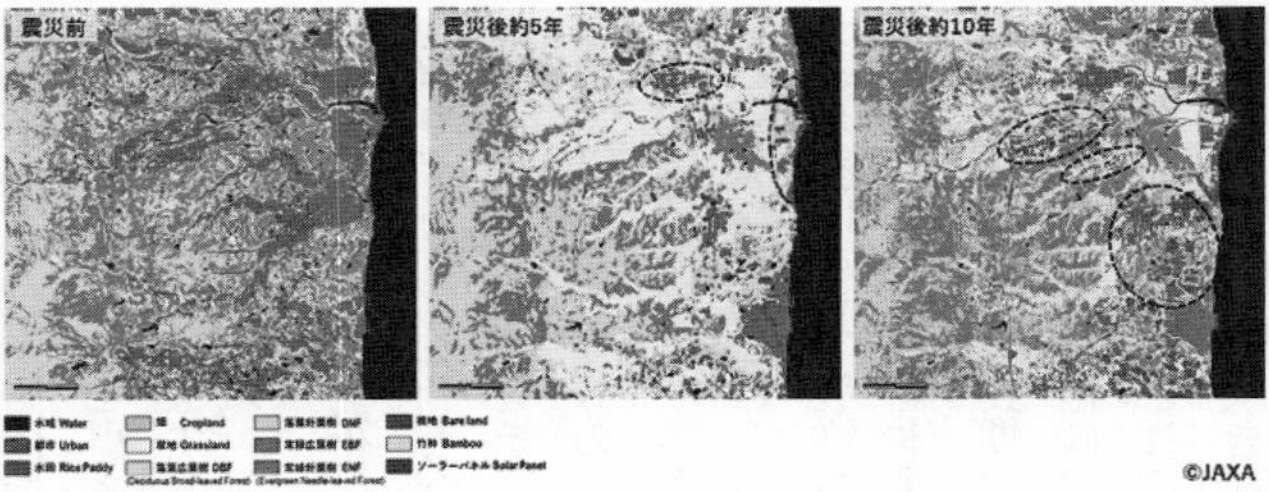

地球観測衛星技術による土地利用の時間変化観測の例（宇宙航空研究開発機構（JAXA）提供：https://earth.jaxa.jp/ja/earthview/2021/03/10/1719/index.html）

地球上のすべての種の総バイオマスの0・5％しか人間が占めていないことを考えれば、さらに驚くべきものである。消費者である人間は、食物網の中の植物、植食者、肉食者、分解者の四つの機能グループのすべてから野生の個体群を捕獲することで、一次生産と二次生産を横取りしている。人間は、漿果類、堅果類、穀物などの野生の植物や、キノコ類のような分解者も捕獲している。商業漁業やレクリエーション漁業では、一般的に捕食者（マグロ、メカジキ、サケ、マスなど）を捕獲している。狩猟では草食者（ヘラジカ、シカ、アメリカアカシカなど）が捕獲される。人間はまた、バイソン、シカ、カモシカ、カンガルーなどの採餌場所を牛や羊に置き換えることで、動物の（二次的な）生産を自分たちのために横取りしている。牛や羊を保護することを目的とした捕食者対策は、その二次生産をめぐる競争相手を排除し、それによって食物連鎖を短くする。食物連鎖の短縮は、栄養分とエネルギーの流れを変化させる。

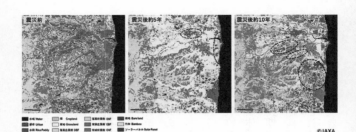

人間による野生個体群の捕獲は、特定の大きさ、形態、行動を持つ個体を選択する傾向によって、進化的変化を引き起こす可能性がある。人間が引き起こした種の進化的変化は、それらの野生個体群で発生する自然の進化的変化よりも最大で3倍大きいと推定されている。そして、その変化は急速であり、多くは20年から40年以内である。つまり人間の寿命よりも短いのだ。

最も目に見える変化は、最大の角、枝角、牙を持つ個体を狙う記念品狩猟(トロフィーハンティング)から来ている。これらは親から子孫に遺伝的に引き継がれる形質である。繰り返されるトロフィーハンティングにより、角や枝角、牙が小さいオスの個体群が形成されるようになる。これらのオスの形質の大きさが、繁殖の成功を左右する部分もある。これらの特徴は、オスがメスを獲得するための競争に勝つ能力に関係しており、またメスが、出会った場所でオスと交尾したいと思うかどうかにも影響する。形態学的特徴の急速な進化的変化は、繁殖システムを変化させ、最終的には野生個体群の遺伝子構成を変化させることで、悲惨な結果をもたらす。その結果、個体群の平均繁殖率が低下することになり、最終的には、トロフィーハンティングは個体群の長期的な持続可能性を脅かすのだ。

急速な進化的変化は、大西洋と北海のタラ、カレイ、オヒョウ、ヒラメ、太平洋のサケを含む、商業的に捕獲される魚でも記録されている。魚類では、産卵数は体の大きさと強く関係している。しかし、大きなサイズに到達するためには、個体が成熟して大人になるまでの長い成長・発達期間が必要である。商業漁業では、最大の個体を選択的に捕獲するため、繁殖力の高い成魚を排除していることになる。個体がより急速に成熟するような遺伝構造がなければ、捕獲によって成体サイズが小さくなってしまい、大部分の資源を捨て去ってしまうことになる。繰り返すが、このような悲惨な結果は、個体群の繁殖構造を衰退させ、捕獲の対象となった資源の繁殖力が低下することになる。漁業は持続的に捕獲できる魚類の生物量をますます減少させるような進化的な変化を引き起こすかもしれないのだ。

漁業管理は、商業魚の捕獲に一時休止(モラトリアム)〔経済用語では金融危機などの際における預金その他債務の一時的支払猶予〕を設定することで、捕獲可能なバイオマスの減少を逆転させようとすることが多い。このようなモラトリアムは、商業漁業者とその関連地域社会に多大な社会的・経済的コストをかけている。しかし、より遅く成熟し、大きなサイズに到達する遺伝子を持つ個体が、もはや個体群の多くを占める場合には、モラトリアムによっても再上昇につながらない可能性がある。選択的捕獲はこのように、「遺伝的」多様性を均質化し、捕獲対象種の回復力を低下させるような形で、長期的な影響を及ぼす可能性がある。北米北東部の大西洋マダラ漁業の崩壊は、捕獲された個体群の遺伝的回復力を失うことの代償を示す顕著な例である。1990年代半ばから行われていた漁業のモラトリアムにもかかわらず、タラ資源が商業漁業を復活させられるレベルまで回復したという兆候は今日までほとんど見られない。

不思議なことに、人間による野生個体群の捕獲は、最も生産性の高い個体を選別し、それによって繁殖資源を劣化させるが、そのような選別は農業に働くのとは驚くほど異なる方法で行われているのである。農業は何千年にもわたって、動物や植物の中で最も生産性の高い個体を維持し、繁殖力を高めてきた。この強化により、牛の群れが健康で、乳や肉の生産量が多く、作物がさまざまな生育条件で最高の収量を得ることができるようになった。

農業開発に加えて、伐採、採掘、都市公共基盤施設や交通網の開発などの人間活動は、生態系機能に波及効果をもたらす農水産業とは別の進化的変化をもたらす可能性がある。最も顕著なのは生息地の断片化であり、これにより、大きな連続した生息地が、互いに孤立した小さな区画(パッチ)に切り離されていくことになる。残存するパッチの大きさと、それがどの程度互いに分離されているかによって、生物多様性が景観中にどの程度持続されるかが決まる。生息地のサイズが小さくなるということは、生活空間が少なくなるということだ。必然的に、断片化された景観空間に生息する種の数は、無傷で連続した生息地に覆われていた時よりも少なくなる。生息地の損失は、パッチの孤立化を助長している。残存するパッチ間の距離が長くなると、種が適切な生息空間を持つ新たな場所を見つけて移入するための移動が困難になる。

南カリフォルニアにおける生息場所としての藪が、郊外で少なくなっていることは例示的である。大都市の外に移動して少しでも自然を楽しみたいという人間の欲求から、藪の生息地の大部分は住宅地へと転換され、それは残された元の生息地に散在することにつながった。藪の生息地には通常、コヨーテのような大型の肉食動物が生息している。しかし、残されたパッチは、コヨーテがその中だけで生活するには小さすぎ、その結果餌を求めてパッチからパッチへ移動することを余儀なくされる。コヨーテは非常に日和見主義的な種である。彼らは人間の攪乱によって束縛されない形質を持っていることでこのような状況にうまく対応している。彼らは人間が支配している景観の中を自由に移動し、実際にこれらの新しい環境で繁栄することができる。しかし、これはまた、彼らがどこにいても人間との競合になり、放し飼いにされているペットを捕食することで面倒を引き起こす。人間はコヨーテを駆除することでこれに対応しようとする。しかし、生息地の断片化とコヨーテの駆除には、ノックオン効果と呼ばれる影響がある。この大型肉食動物の減少によって、キツネ、スカンク、アライグマのような中型の肉食動物の個体数を制御することができなくなった。これらの中型の捕食者の種は、卵と雛を含むある種の小鳥を捕食する。大型捕食者からの解放は、残されたパッチで繁栄することが可能な在来の小鳥の多様性と個体数の低下を招いている。カリフォルニアの藪の断片化は、知らず知らずのうちに、食物網とその機能を再構築する過程でシステム全体のフィードバックを引き起こすことによって、元の自然経済を変更してきたのである。

多様性の喪失と食物網の再構築は、断片化の典型的な結果である。ブラジルとボルネオの熱帯林、オーストラリアと米国の温帯林、米国の草原、カナダとイギリスのコケの生息地で、生態学者が数十年にわたる大規模な実験を行ってきたことで明らかになった。生態学者は同時に、鳥類、哺乳類、昆虫への影響も記録してきた。これらの実験では、100から1000平方キロメートルの景観空間をカバーしている。これらの実験では、連続した生息地を異なるサイズのパッチに体系的に変換し、同時に、それらのパッチを互いに異なる距離で隔離した。最も重要なことは、実験の対照としてそのままの状態で近隣の景観空間を残した。これは変更されていない領域内の同程度のサイズの「パッチ」と断片化の効果を比較するためである。

実験的証拠は、生息地パッチのサイズを隔離して縮小すると、平均して、残存パッチ内に生息する種の数が30%減少したことを示している。この減少はすべての栄養段階で発生した。生息地の断片化はまた、いくつかの種が局所的に絶滅し、そのパッチに定着した新しい種に取って代わられたため、多くの流動性を生み出した。全体としては、ある種がパッチ内で長期的に持続する可能性が80%減少したことを意味している。同時に、食物連鎖の相互作用の強さとパッチ内に保持されている栄養塩の量は30〜50%減少した。パッチが隔離される度合いを上げると、パッチ間の種の移動が70%減少するなど、同様の変化が生じ、それによりある種が生息地に再定着する可能性が低下した。

これらすべてに、それらの効果と混同される可能性がある、地球規模の気候変動の影響が重なっている。人間による自然の飼い慣らしは、開墾や資源開発、農業のための土地転換、家畜の飼育、インフラ整備のためのセメントの生産と使用、エネルギーの生成、人間とその物資と材料の輸送を通じて、温室効果ガスの排出を増加させている。温暖化する地球は、変化する条件に適応することを可能にする、一連の生理学的特徴を持つ種を選択する。それができない種は絶滅する。しかし、対処メカニズムは種によって異なるかもしれない。ある種は、元の地理的位置での温暖化に耐えたり、適応したりする生理的能力を持っているかもしれないが、他の種は、より温度的に有利な場所に移動して適応するかもしれない。もちろん、これは人間が構築した環境が、種の生存可能な個体群が元の地理的位置に留まるための十分な生息地を維持していること、あるいは、そうでなければ景観を越えた種の移動を妨げないことを前提としている。そして、特に特定の食物網に属する種が異なる速度で移動する場合には、景観を越えた種の再配置は、食物網の依存関係をさらに再構築し、生態系の機能を変化させることになる。

私は、人間の生業がもたらす変化に心を引き裂かれている。私は幼少期に自然史を学んだことで、避けては通れない価値観、倫理観、そして不思議な感覚を身につけた。私は、生物の多様性、その習性、生息地全体に対する深い尊敬の念を持っている。子供の頃からの自然への憧れは、今も続いている。そのおかげで、持続可能な自然経済を構築するために、物事がどのように組み合わさっているのかを科学的に学ぶことができ、私は探究心に満ちた設問をし続けているのだ。そのため、人間の「進歩」という名のもとに、しばしば故意に、種やその生息環境が失われていくのを目の当たりにすると、悲しくなり時には頭がおかしくなる。なぜなら、私たちの驚くべき進化の遺産を取り返しのつかないほどに消し去り、地球上のすべての生命を維持する能力を低下させるような変化の兆しを、生態学者として目の当たりにしているからだ。しかし、科学者として見れば、これらの変化はかなり魅力的だと認めざるを得ない。根本的に新しい視点から自然の動態を見て、評価することを余儀なくされていると言えよう。問題は、ますます飼い慣らされつつある世界において持続可能性をどのように実現するかということであるのに、古典的な教科書的原則はその不備を露呈している。急速な変化速度は、科学的発見のための新たな機会を示している。それは、生態学的な科学的世界観の大変革をもたらし、飼い慣らされた世界で持続可能性を達成するための努力を、よりよく支持するための新しい理論と知識の進展を要求してきたのだ。

景観と進化

生態学の古典的な理論的枠組みは、生態系は自己完結型で自立したシステムであるというものだ。この世界観は、生産や養分循環のような生態系の機能は、基本的にはその境界内に存在する種によって維持されているというものである。人間による変化を含め、境界外で起こることは、生態系の内部の働きとは無関係であると考えられてきた。しかし、生態系、特に水域生態系は、完全に自己完結した自立した経済ではない(第3章参照)。例えば、陸域の雪解け水や雨水の流出による季節的な有機物や栄養分の流入は、日常的に湖や河川の経済を支えている。風は、境界を越えて種子や昆虫を運ぶ。しかし、古典的な見解では、このような外部からの投入や、異常気象のような他の形態の撹乱が持続的な影響を及ぼす可能性を排除する傾向があった。これらは単に一時的な瞬間的なものであり、その影響は生態系内の強力な種の相互作用によって最終的には減衰すると考えられていた。この減衰、つまりフィードバックは、種の構成を維持し、それによって機能の正常なレベルを回復する上で重要な役割を果たしていると考えられていた。つまり、生態系は常に本来の内部バランス、つまり自然のバランスに戻り、長期的には物事が安定し維持されると考えられていたのである。

自己完結型で自立したシステムという概念は、貴重な原生地域にある、固定された政治的境界線を持つ区画の設定という善意の保護活動にも暗黙のうちに存在している。私たちが公園や保護区と呼んでいるこれらの場所は、人間とその影響を排除し(あるいは少なくとも立ち入りを規制し)、在来の動植物を維持するように設計されている。そうすれば、種のバランスのとれた状態と、それに関連する自然の生態系機能が永久に保護されると考えられている。そして、保護地域が広ければ広いほど、高いレベルの多様性と機能を維持できる可能性が高くなる。したがって、生態学の歴史の中で最も長い間、研究テーマは人間の支配から保護されたこのような場所を探して、自然がどのように機能するかを研究することであった。このことは、暗黙のうちに、人間と自然の分断という世界観を促進することになった。

また、人間の土地利用や土地転換が保護地域との境界まで侵食していく傾向が見られた。その結果、宇宙空間からも時々見えるような鋭い境界線ができてしまった。多くの公園や保護地域は、飼い慣らされた土地利用の海の中で孤立した原生地域の「島」となってしまったのだ。

同時期に、食物網がどのように制御されているかを研究していたカリフォルニア大学デービス校の教授であるゲイリー・ポリスのような生態学者は、バハ・カリフォルニア沖の海洋島の生態系に関する自身の研究から得られた事実が通説と一致しないことを知り、生態系は自己完結しているという概念に疑問を持ち始めた。例えば、大洋上の島の生態系は、お互いに、また本土からも、大きな距離と、一見通過できない海水の障壁によって鋭く隔てられている。これらの島々は、人を寄せ付けないほど乾燥しており、ほとんどがウチワサボテンに覆われているため、一次生産性は低かった。そのため、植食性昆虫はほとんど見られなかった。それにもかかわらず、島々には捕食者であるクモが非常に数多く生息していた。このことは、生態学的な原則に照らした場合意味をなさない。大きな島や無傷の本土の生態系は、より生産性が高く、より多くの生活空間を提供しているため、より長い食物連鎖を支え、より豊かになる可能性が高いはずである。

ポリス氏らは、島の生態系は自己完結型でも自立した存在でもなく、島の生態系の内部の働きには、島の大きさとその境界を横切る海流が密接に関係していることを発見した。彼らは、島の生態系の内部だけに注目するのではなく、島の境界を横切る栄養素や物質の流れに注目している。これにより、島の境界である海岸線が通過できないものではないことが発見された。海流によって海岸に流れ着いた藻類の死骸や溺れた動物の死骸は、島の経済にとって重要なサブシディ(補助金)となっていた。海岸線には、藻類を食べ、腐敗した動物の死骸を漁る腐食性昆虫が豊富に生息していた。この昆虫は、捕食性のクモやサソリを支える豊富な資源となった。海からの腐食サブシディが島の経済を支えていたのである。

小さな島々は、その物理的性質のためより多くの捕食者を支えていた。小さい島は全体の面積に対する周辺の面積比率が高く、大きな島よりも全体の面積に対して海岸線が多いことを意味している。これにより、小さな島中の消費者がサブシディを利用することができる。対照的に、大きな島の真ん中に住んでいる個体は、サブシディに遭遇する可能性が低くなる。つまり、島全体の種と資源の異質な空間的配置が極めて重要になる。このことは、資源と種は、自己完結型の生態系の中で、空間的に均等に(同質に)配置されているという、もう一つの古典的な見解に挑戦するものである。

捕食者の異常なほどの豊富さが、島の植食性昆虫の豊富さを制御するフィードバックとなったため、島での希少性がさらに高まることになった。これにより、植物への被害が軽減される。したがって、サブシディの効果は島の食物網全体に大きく影響するのである。

ここでの教訓は、二つの非常に異なる種類の生態系が、その境界を越えた資源の流れによって表裏一体となって結びつく可能性があるということだ。提供されるサブシディの量とそれに伴う生態系全体への影響は、援助側と援助を受ける側の生態系の空間的配置と、その両方の中での種の相互作用に依存する。例えば、海洋生産性が環境への影響や、乱獲による海洋食物連鎖の種の不均衡によって変化した場合、島の経済にサブシディを出す藻類や動物の死骸の量も変化する。海洋サブシディを完全に遮断すれば、島の生態系は不毛の砂漠に崩壊する可能性が高い。

また、この研究では現地調査をすることに危険を伴うこともあるため、このような重要な洞察が時に困難を伴うこともあることを示している。悲しいことに、ポリス氏と数人の同僚は、島々を調査する途中、予期せぬ暴風雨でボートが転覆してしまい、溺死してしまった。

このような理論的枠組みを変えるような発見は、十分な技術の進歩があるまで時には科学者が見逃がしてしまうことがある。ポリス氏らが、生態系が自己完結型ではないことを証明することができたのは、最新の安定同位体分析法が開発され、生態系の試料の同位体含有量を測定できる質量分析計(ハイテク機器)がまさに利用できるようになったからである。同位体とは、同じ化学元素(炭素と窒素、リンなど)の形をしたもので、原子質量が異なるため、化学的・物理的特性が若干異なるものだ。自然界では、元素の中で異なる同位体形態が共存しているが、生物は代謝コストが安いために軽い方を優先的に代謝する。そのため、生物は資源を消費しながら、より重い形態の炭素や窒素などの同位体を体内に蓄積していくことになる。したがって、食物連鎖の上位に位置する生物は、食物連鎖の下位に位置する生物よりも、その組織内の元素の軽い形態よりも重い形態の方に偏った比率を持つ傾向がある(栄養段階が一段上がる毎に窒素同位体比は約3‰上がることが明らかにされている)。異なる生態系(例えば、海洋と陸地)はまた、それらの環境で利用可能な重元素と軽元素の比率によって決定される、異なった同位体組成を持っている。したがって、候補となる食物資源の同位体比に基づいて、生物の食物源を追跡することが可能である(例えば、海洋由来の藻類、動物の死骸とウチワサボテンの比較など)。

同位体分析により、自然の経済を動かしているのは、着目する生態系の内部の働きと同様に、その生態系の境界を越えた資源の行き来であることが広く発見されてきた。この変動と流れには、陸上から小川や湖への流出水やバハの島々で海水に洗われた有機物の投入が含まれているだろう。また、このようなことは動物が境界を越えて栄養分を物理的に移動させることでも発生する。これは、小川から出てきた昆虫が隣接する森林に生息する鳥類の主要な食料源となったり、魚を食べる海鳥が繁殖のためコロニーに集まる島に糞を放出したり、ブリストル湾のような場所に回遊するサケが繁殖して死んだ後、体組織に含まれる海洋由来の栄養素を自身が生まれた小川に放出したり、ハイイログマが遡上するサケの一部を捕獲して斜面に運び、部分的に食べ、最終的にはハイイログマが体の老廃物として森林の林床に放出したりすることで起こる。このような栄養分の移動は、受け入れ先の生態系に実質的なサブシディを提供することになる。最後の例の場合、同位体分析の結果、斜面の森林の窒素供給量の最大25%がサケの死骸に由来する可能性があることが示されている。

生態系横断的な栄養塩の流れの発見は、生態系を自立した存在として考えることがもはや不可能であることを示している。固有の安定した内部バランスというものは事実上存在しない。その代わり、自然は収拾がつかないほど動的だとも言える。栄養素は絶えず再分配され、生物は時間と空間の中での栄養素の供給に応じて、その行動、生理学、生活環に必要な再調整を行うのである。

生息地の細分化という現象は、特に種の相互作用に影響を与えるため、自己完結型システムの古典的な原理にも疑問を投げかけている。ここでも、島の例え話は、景観全体の生物多様性が飼い慣らしによってどのように影響を受けるかについて、改めて考え始めるのに適した方法であろう。

古典的な理論では、生態系群集は、種間の競争的または捕食的な相互作用によって、大きな連続した生息地にまとまっているとされてきた。種が共存しているのは、その形態、生理、行動が、お互いの競争的なまたは捕食的圧力に対処するために適応したからである。これにより、種はニッチの相補性の過程を通じて、生息地や食料資源を分割することが可能になった（第3章参照）。生態系がバランスを保っているのは、それぞれの種がそれぞれの適応形態に応じて群集に適合しているからだと言われている。例えば、セレンゲティの生態系には、最大のもの（ライオンやハイエナ）から中間的なもの（ヒョウやチーター）、最小のもの（野生猫やジャッカル）まで、10種類以上の捕食者哺乳類が生息している。捕食者の大きさによって、効率的に獲物を処理できる大きさが決まる。しかし、捕食者たちは群集として、入れ子状にまとまっている。最も小さい捕食者は、最も小さいサイズの獲物だけを捕獲することができる。より大きな捕食者は、より広い範囲の獲物サイズを取ることができる。最大の肉食動物であるライオンは、あらゆる範囲の獲物を利用するため、その競争的優位性が肉食動物の群集を支配する傾向がある。これが百獣の王である所以である。

この見解では、いくつかの種が、より下位の種に対する強い競争的効果によって群集で優占している可能性があると考えられている。このようにして、種はその競争力に応じて群集でランク付けすることができ、これはまた、群集内での種の豊富さを決定する傾向がある。優位性の低い種は、生息地の空間や資源を奪い合うことが最も困難であると考えられる。これらの種は自然に希少種となり、ランクの高い種に淘汰されるまでの間、一時的な足場を得るためにあちこちをさまようことで生計を立てていることが多い。彼らは事実上の浮浪者であり、彼らの成功は、景観の中で移動する能力次第である。したがって、優位性のランキングはまた、分散能力のランキングの逆を表していることになる。最も優占的な種は最も分散能力が低く、最も優占的でない種は最も分散能力が高い。これらの両極端の間には、優占と分散の中間的な能力を持つ種が存在する。

生息地の断片化は、ゲームを完全にひっくり返すことができる。かつては景観を横切って連続的に広がっていた種は、今では主に局所的な生息地のパッチに限定されている亜集団に分割されるようになる。いつでも、生息地のパッチは空っぽになるかもしれない。これは、過酷な環境条件や近親交配のような遺伝的要因が原因となりパッチの占有者の生存率や繁殖能力が壊滅状態になった場合に起きる可能性がある。他のパッチからの移住者が、空になったパッチに再移入するかもしれない。

分断された景観は、パッチ内やパッチ間で種の構成を変える。優れた分散者は、最初に空いているパッチを見つけ出す可能性が高い。後続の移入種がパッチに定着するか、あるいは追放されるかは、すでに足掛かりとなる拠点を確立した、先に到着した種との相対的な優位性の順位にかかっている。景観は、パッチ間を移動する種と、パッチ内での種の構成の入れ替わりで、絶えず流動的である。従って、どの二つのパッチも同じ種の構成を持つことが保証されるわけではない。単一の安定した種のバランスというものはないのである。

生息地の断片化もまた、生物多様性にすぐに顕著な影響を与えることはないかもしれない。なぜなら、生息地の分断や消失が進むにつれて、優占種の個体数が徐々に減少していくため、絶滅の遅れが生じる可能性があるからである。このことは、断片化が最小限の影響しか与えていないという認識を強め、更なる土地利用の変化を促すことにもなる。しかし、土地利用の変化と生息地の縮小が続くと、種が不可逆的な消滅の軌道に乗る閾値に達する可能性がある。つまり、社会は絶滅の負債と呼ばれるものを作り出すことになるだろう。この負債は将来の世代に引き継がれることになる。このような場合、将来の世代は、彼らにとって大切にすべき種の消滅を見るかもしれない景観を受け継ぐのだ。

景観の動態に関するこの新しい見解は、絶滅の負債の可能性を浮き彫りにしているが、絶滅の可能性を相殺するための指針も提供している。生態科学は、より大きな生息地の断片の方が、より小さな断片よりも種の損失率が低いことを示している。生息地の断片の間隔が近い方が、生息地のパッチの間隔が離れているよりも、再結合を容易にすることができるはずである。生息地のパッチを繋ぎ続けるために回廊を使用したり、再接続することで、種の移動を促すことができる。生息地のパッチをつなぐことは、特に、そうしなければ絶滅の危険性が最も高いと考えられる、より分散性の低い種の生存可能性を高めることになる。

この知識と最新の技術を組み合わせ、種の移動を支える重要な地域をピンポイントで特定することで、景観全体でどのように生息地パッチを構成するかを思慮深く計画できる。この技術には、景観全体の地形、生息地、土地利用の空間的配置を正確に詳細に把握するための地球の衛星画像が含まれている。全地球測位衛星（GPS）テレメトリーは、電波送信用の首輪を装着した動物から送信された信号を拾い、景観上の位置を正確に記録することができる。すべてのデータを高度なコンピュータ解析システム（地理情報システム〔GIS〕）に入力し統合して、景観全体の状況を示す包括的な地図を作成することができる。このような分析により、種が生息する傾向の強い場所を明らかにできる。また、いわゆる抵抗面を描写することにより、種が景観を自由に移動できる場所や、自然または人工的な障害物や障壁によって制約されたり、動きが妨げられたりしている場所を明らかにできる（景観を電気回路に擬えて種の移動が困難な場所は抵抗が大きいと仮定して遺伝解析や生息数推定などを行う考え方をサーキット（回路）理論という）。絶滅を防ぐためには、どの場所（公園や現在保護されている場所、保護されていない生息地）を再接続する必要があるのかを明らかにするのに役立つ。

抵抗面は、農業、エネルギー、交通、都市公共基盤施設、保全の持続可能な開発のための土

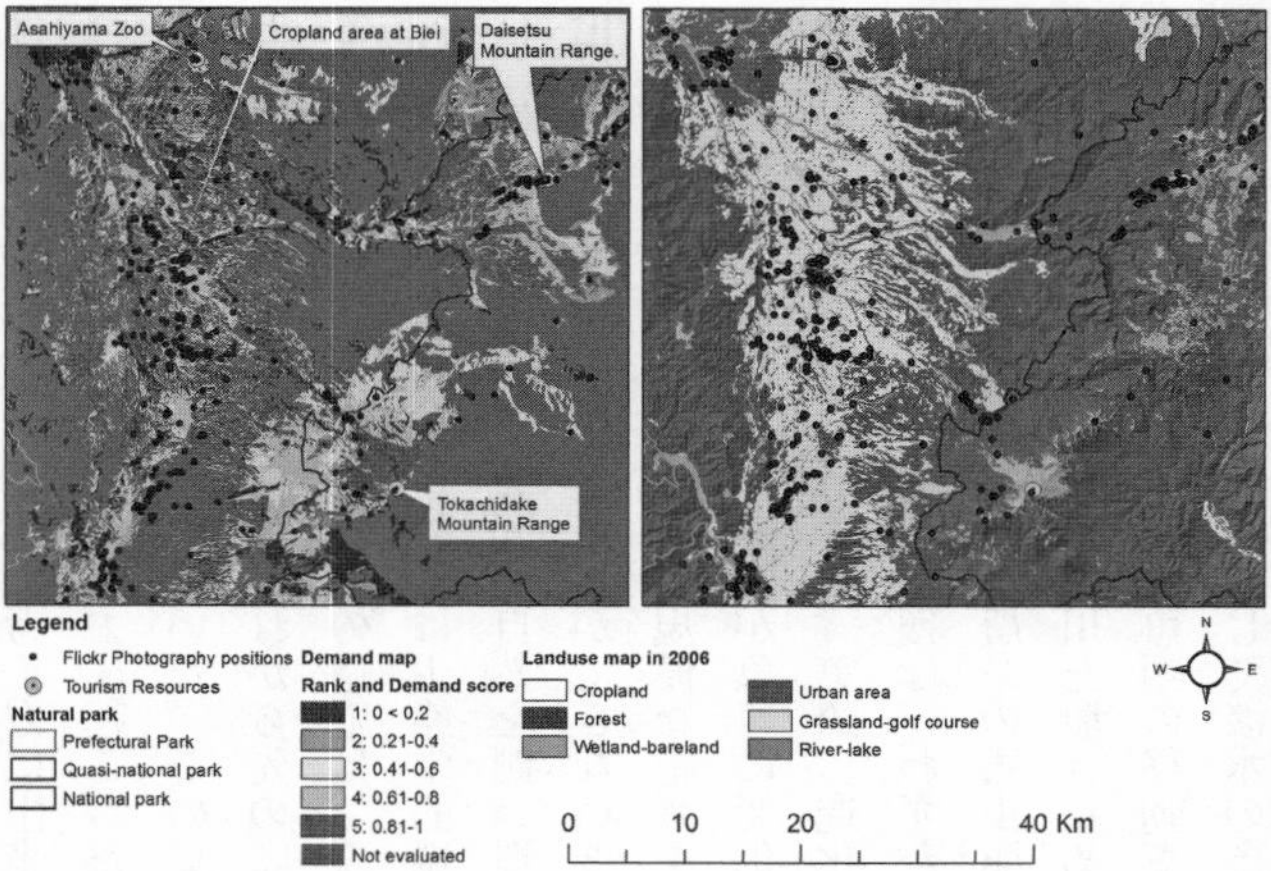

地理情報システム(GIS)による景観全体の状況を示す包括的な地図の例(Nobuhiko Yoshimura, Tsutom Hiura, Demand and supply of cultural ecosystem services: Use of geotagged photos to map the aesthetic value of landscapes in Hokkaido, Ecosystem Services 24 (2017))

地利用計画の指針となる戦略的な情報を提供する。このような情報は、人間とその企業が他の生物種やそれらが提供する生態系サービスと共存できるように景観を構成できる可能性を示すことで、人間と自然の分裂を克服するのに役立つ。

人間と自然の分断を克服するために景観を構成するには、新しく作られた、見たこともないような飼い慣らされた景観の中で、生物が適応し繁栄する能力を持つ必要がある。長い間、種はこのような人間の圧力の高まりに適応できないと考えられてきた。この考え方は、生態学における古典的な考え方に由来している。進化はゆっくりとした過程であると言われ、今日の生物多様性は、過去に起こった過程の産物であり、今日のような種を作り出すには何千年もかかると考えられていた。この見解によると、種が進化の歴史の中で適応してきたことで得た形質は、その種がこれから先の時代に何ができるのかに非常に大きな制約を課していると考えるのだ。つまり、種の適応は、現在の機能的な役割を事前に決定し、それに応じて、将来の数十年から数百年の間に生態学的過程がどのように展開されるかを決定する。この見解は、ほとんどの種は、人間が自然を飼い慣らしている今、人間が作り出している急速な環境変化に十分に早く適応することができないという認識につながっている。これが、多くの生態学者や自然保護主義者が種の大規模な絶滅を心配している理由である。

皮肉なことに、進化の速度が急速に変化することを明らかにするのに役立ってきたのは、人間が引き起こした変化である。実際、進化と生態学的過程は、同時に働くことがある。例えば、野生の個体群の人間による捕獲は、わずか数十年の間に進化的変化を誘発することができる。他にも注目すべき例がある。農業の害虫駆除は、すぐに殺虫剤抵抗性のある昆虫の個体群形成につながる可能性がある。河川を堰き止めることで、淡水から海へと移動するニジマスやエールワイフ(ニシン科)のような魚類の移動を断ち切ることができる。わずか100年の間に、陸封された個体群は、年間を通じて淡水の条件に対処するために地域的に適応するようになった。

これらの個体群は、形態、生活環、繁殖パターンが、自由に移動できる個体群とは異なるため、陸封個体群と移動個体群の個体は、もはや交配することができない可能性がある。これは急速な種分化の証拠の一つである。

これらの発見は、生態学者たちに古典的な考え方を再考させ、彼らが研究しているシステムを動かしているメカニズムをより深く理解させることにつながっている。ガラパゴスフィンチの例は、急速な進化的変化の広く有名な証拠である。しかし、洞察は同様に他の多くの研究からも来ている。これらをまとめることで種の急速な適応能力とその生態学的な結果の間の相互作用の魅力的な全体像を描くのに役立っている。

アノリストカゲは、カリブ海の無数の小さな島に生息する種のグループである。ニッチの相補性につながる進化の明確な例として、節足動物を食べるこれらの種は、生息地内のさまざまな場所に生息している。地上に住む種もあれば、茂みの幹に住む種もあれば、枝にしか住まない種もある。各種がどのような場所に生息しているかは、体や四肢の形態から容易に見分けることができる。しかし、実験により、これらの特徴は環境の変化に応じて非常に柔軟であることがわかってきた。

実験には、地上に生息するトカゲの一種が生息する小さな切手のような島がいくつか含まれる。半分の島には、有効な捕食者である地上棲息種のトカゲのみを導入し、残りの島は未操作の実験対照として残した。捕食性のトカゲは二つのことをしたが、一つは素早く、もう一つは少し時間がかかった。地上棲息種のトカゲは、すぐに幹や枝に登って逃げる能力の乏しい個々のトカゲを捕獲するようになった。また、実験期間中、生存者の手足の形態に発生的な変化をもたらし、細い枝の上をより軽快に歩き、より高い植生の中で獲物を捕らえることができるようになった。このような個体の一生の間の発生変化を表現型可塑性と呼んでいる。しかし、可塑性の変化を受けやすいかどうかは遺伝的に決定されている。そのため、ある個体は他の個体よりも可塑的な変化を受けやすいのだ。変化への能力が低いものは、樹冠の細い枝での生存率が低い。彼らは利用可能な植生の中で何とか生存を引き伸ばすことを試みるか、または彼らが比較的獲物をつかまえやすい地面に向かって下に移動しなければならない。下に移動すると、もちろん捕食者のトカゲに捕まる危険性がある。いずれにしても、それらの個体はより行動的および形態的に可塑的な個体よりも生存率が低くなる。さらに、可塑的な個体は、ほとんどが個体群の中に残っているので、お互いに交配する傾向がある。このようにして彼らは、植生の枝の上で生活することを可能にする形態がより発達しやすい子孫の世代を生み出すことになる。このように、表現型の可塑性により、個体は急激な環境変化に対して素早く反応し、生存可能性を向上させることができる。この可塑性は、さらに長期的な適応的な進化的変化を引き起こし、植生上部で繁栄するための形態を発達させた個体が、集団の遺伝的構成を支配するようになった。このような変化は、実験処理されていない対照島では全く観察されなかった。この実験は、このようにして非常に短い期間で、進化的過程がかつては地面にしか生息していなかった種が、新しく特徴的な島の条件に局所的な適応を引き起こしたことを示す強い証拠を提供している。

グッピー――水族館で見られる小さな、鮮やかな色の魚種――は自然界の捕食に応答することで急速な進化的変化の研究に新たな洞察を与えている。トリニダードの河川で実施された研究は、高い捕食圧に直面しているグッピーの個体群は、成熟がより小さなサイズで迅速に起こり、より多数の小さい子孫を生産し、低い捕食圧に晒されているグッピーの個体群よりもより短命であることがわかった。その後の分析では、これらの個体群の違いは遺伝的に決定されたものであることが確認され、グッピーの個体群は捕食圧の状況に局所的に適応していることが示唆された。その後、野外での自然条件を利用することで、進化的変化についての研究も行われた。二つの小川には滝があり、滝の下ではグッピーが多く捕食されており、滝の上にはグッピーはおらず、捕食者はほとんどいなかった。そこで、グッピーは滝の下から滝の上の捕食圧が低い環境に移植された。11年後には、元々移植されたグッピーの子孫の生活史の形質、例えば初産時の年齢や産子数は、他の自然の捕食圧が低い環境のグッピーで観察されたものと一致した。

高捕食環境と低捕食環境の個体を用いた更なる実験により、個体群レベルの違いに関連した生態系レベルでの予測通りの結果が明らかになった。彼らの異なる形態は、異なる種類、大きさ、量の獲物を選択することを意味していた。このような食性の違いは、生態系内で排泄されたり循環したりする栄養素の量に違いをもたらし、ノックオン効果ももたらした。最終的には、一次・二次生産や分解などの生態系機能や、藻類や無脊椎動物のバイオマスなどの生態系特性のレベルに20〜40%の差が生じた。

人類の生業の最も壮大な実験は、まだ完全には展開されていない。温室効果ガスの濃度を下げるための実質的な努力をしても、地球の生態系の多くは将来の温暖化に直面している。その結果、生物種が気候の変化に耐えたり、適応したりすることができないために、種が移動したり、絶滅したりして、生態系の群集が解体されてしまうのではないかという懸念が多くある。このような潜在的な損失は、その後の生態系機能の侵食を予見しており、ひいては人間の生活を支える多くの環境サービスを危険にさらす可能性がある。

これはかなりぞっとする未来絵図である。その一方で、進化と生態学的過程が同時に進行しているという認識は、種には適応能力があり、それによって生態学的機能を維持する能力があるといういくらかの希望を与えてくれる。種の個体群は、その地理的範囲内で温度勾配に沿って空間的に分離されていることが多く、その結果、局所的な適応によって異なる温度耐性を持つ可能性がある。これは、個体群内の生物が最も一般的に経験する温度範囲に適応することで生じる。いくつかの証拠は、個体群内の生物が許容する温度範囲が、彼らが経験する環境温度の変動と一致する傾向があることを示している。このように、温度耐性の範囲は、維持エネルギーコストを最小限に抑えるために、可能な限り狭い範囲で局所的に進化したように見える。さらに、種の個体群内の個体は、表現型の可塑的な反応を介して、その生理機能を迅速に適応させ、その結果、一時的な温暖化に耐えることができるようにするための、さらなる順応の可能性を持っている可能性がある。繰り返しになるが、このような可塑性は、個体群が慢性的で持続的な温暖化に遺伝的に適応することを可能にする即時的な生存メカニズムである可能性がある。

このような種内の個体群構造は、熱に強い個体群が、熱に弱い個体群の損失を埋め合わせる可能性があることを意味している。少なくとも、温暖化した世界では、広範囲の地形にまたがる群集の中で種の存在が維持される可能性が高い。種の存在が維持されるのは、変化に直面しても種を維持するために選択できる遺伝的多様性(局所的に適応した個体群)の幅広いポートフォリオがあるからである。

しかし、地域の環境条件に適応するようになった個体群は、異なるレベルの生態学的機能を持っていることがわかってきた。極端な話、彼らは全く異なる機能的役割を進化させたのかもしれない。直面する不確実性は、機能的な意味での「同類が同類に取って代わるかどうか」ということである。つまり、異なる熱耐性を持つ種の個体群は、群集内での機能的役割の性質や強さも異なるのだろうか？　生態学者は現在、種の個体群間の熱耐性における局所的な適応と可塑性を検証する移植実験を実施しており、この適応能力が、異なる温度条件の中で生物多様性、食物網依存性、生態系の機能とサービスを維持するのに十分であるかどうかを検証している。

生息地をつなぐ

人間による自然の飼い慣らしが景観を変貌させている。それは、限界や境界を超えて、未知の状態へと自然を移行させているのだ。古典的な生態学的原則は、変化のペースについていけないために、地球の生物相が急速に絶滅する運命にあるという不安をあおっている。しかし、ニュー・エコロジーは、種が急速に進化し、変化する環境条件に適応する可能性があることを明らかにしている。このことは、しばしば描かれているような悲惨な未来ではないかもしれないという希望を与えてくれる。

「救済」の手段として進化の過程に頼ることには、賛否両論がある。進化の過程を迅速に実現する遺伝的多様性は、変化する世界に適した種の回復力と生態系機能を維持する鍵となるかもしれない。しかし、人為的に引き起こされた変化には強い方向性があるため、種の個体群の中で利用可能な多様性の中から特定の一群を選択する傾向が強い。このような選択は、種の個体群の遺伝的均質化につながり、多様性を狭めてしまう可能性がある。最終的には、これは経済学でいうところの資産変化の時に調整を行うために必要な利用可能なポートフォリオ(品種)を縮小することになるのだ。それは適応能力を侵食し、持続可能性の喪失につながるのだ。

根本的には、移動が遮断されることで、生物の群集が孤立した生息地に追いやられ、お互いに隔離されてしまわないようにすることが肝要である。景観レベルでの思慮深い計画によって、生息地の空間と接続性を作り出せば、景観を越えて種を存続させることができるかもしれない。

第5章　社会－生態システム思考

大西洋タラ漁の教訓

大西洋マダラ〔タラ科に属する魚〕の資源は、かつてカナダ東部とニューイングランド北部の海域に豊富に存在していたため、ジョン・キャボットの1497年の探検で発見されたときには、船の進行を止めることもあったほどだと言われている。その時には、商業的な大西洋マダラ漁業が500年後に壮大な崩壊に見舞われて終わるとは考えられなかったことだろう。500年の歴史のほとんどの間、漁業全体が適切に、そして実際にいつまでも繁栄していたように見えたので、多くの人にとってはこの突然の崩壊の出来事は驚くべきものだった。

この漁業の物語は、人間と自然が社会－生態学的なシステムとしてますます絡み合うようになっていく様子を、歴史的に詳細な事例研究で示している。人間による資源種の搾取が、生態系機能へのノックオン効果を伴って、搾取された種の生産性を変化させるような進化的変化をもたらすことを示している。それは、その影響がどのように生態系とそれに依存する人間の社会システムの双方に影響し、漁業と最終的には人間の社会システムを崩壊させるかを示している。ニュー・エコロジーは、このような歴史的教訓を利用して、人間の社会システムと絡み合い搾取された自然システムがどのように機能するかについての優れた一般則を発展させ、搾取されたシステムが将来崩壊するのを回避するのに役立つように動き始めている。

どのように変化が起こったのかを理解するためには、大西洋マダラ漁業の時間経過を、人間が関与した四つの主要な時期、すなわち発見期(1500〜1700年)、拡大期(1700〜1770年)、革命戦争後の国家建設期(1785〜1885年)、商業から工業漁業への移行期(1886〜1990年)に分けることが有効である。この最後の段階、特に最後の30年間は、工場漁業が最後の一撃を加えたときであり、マダラ漁業は突然の崩壊に終わった。各段階で、人々の生計と経済的幸福を支えるための漁業への依存度が高まっていることを示している。各段階で、漁業技術の進歩と企業の資本化が進み、人間の社会政治的な変化が見られた。これらの変化が相まって、マダラの水揚げ量は増加したのである。

この漁業は1501年から1504年の間に本格的に始まり、ポルトガル人、フランス人、スペイン人、そして最終的にはイギリス人の漁師がヨーロッパからニューファンドランド沖への航海を開始した。これらの遠征では、通常、漁師は餌をつけた延縄漁をしたり、手漕ぎや帆船の小型漁船から小さな網を投げたりして、沖合の魚を捕獲していた。タラは塩漬けにされ、夏の間は海岸で乾燥されていた。漁師たちは毎年秋になると、塩漬けにした魚を持ってヨーロッパに戻ってくる。この回遊漁業を支配していた国は、この間に大きく変化した。ヨーロッパの経済状況、さまざまな戦争、国家間の平和条約の交渉によって、どの船団が漁に行くか、どの船団が漁からもどるかどうかが決定された。

拡大期には、人類はニューイングランドからニューファンドランドまでの海岸沿いに徐々に恒久的な定住地を築いていった。これらの地域社会の経済は、もともと沖合の小型漁船で漁業生活するように調整されていた。しかし、投資の増加に伴い、それらの地域の経済はすぐにヨーロッパの走航性の高い沖合船団に対抗できる大型縦帆船団を使用して大きく成長した。また、大型縦帆船は、沖合海域の資源を捕獲するために小型船が装備されていた。この時期にはサイズ選別漁が行われるようになり、水揚げされたタラはサイズ別に等級付けされ、経済的にも評価されるようになった。珍重されたもの、つまり〝偉大なタラ〟は90～１００ポンド〔約41～45キログラム〕の範囲にあり、中型のものは60～90ポンド、小型のものは60ポンド以下であった。

革命戦争後、人類は国家建設の時代に入り、カナダと米国が国境を塗り替え、外国の漁船による立ち入りを規制するための措置を講じて沖合の魚類資源を保護し始めた。これは都市の成長期でもあった。社会的需要の高まりは、より多くの魚が北米の主要都市の市場に送られ、ヨーロッパやカリブ海の市場に輸出されることを意味した。また、捕獲されたタラを保存するための塩などの材料の価格を安定させ、漁村に補助金を出すために経済政策も制定された。また、大型船技術の進歩により、魚を塩漬けにして船上でパック詰めすることができるようになり、漁師は数週間から数カ月を海で過ごすことができるようになった。

マダラ漁の最終段階は、海底を一掃できる大網のトロール漁など、資本集約的な技術の利用が増えてきたことから始まった。漁業は最終的には工場船の出現で工業化され、事実上、職人的な沖合の小型船漁業に終止符を打った。それまでは、小型船漁業は450年以上の間、ほとんど変化していなかった。巨大な船は、第二次世界大戦の創意工夫の賜物である水中音波探知機技術を利用して、タラ資源の位置を電子的にピンポイントで特定するようになった。この船は、一度に大量の魚を捕獲するために、船の後ろにある巨大な網を曳航していた。魚を洗浄し、切り身にし、船上で瞬間冷凍し、大容量の冷凍庫に保管していた。船は何カ月もの間、海上で過ごし、北米やヨーロッパの港に満を持して戻ってきた。

漁業科学者たちは、船の航海日誌や日記、政府の公式文書などの歴史的記録を用いて大西洋マダラの捕獲量の時系列変化のデータを正確に再構築した。200年の発見期のほとんどの期間、大西洋マダラ漁業は年間平均2万トンを水揚げしていたが、この期間の最後の数十年間は年間5万トンまで上昇していた。水揚げ量は年によって若干変動している。これらの変動は、ヨーロッパの社会政治情勢の変化に伴い、ヨーロッパからの漁船団の数が変化したことに起因していると考えられる。タラの捕獲量は、70年の拡大期には年間20万トンまで着実に増加した。また、年々変動も大きくなっている。地元の沖合漁業の水揚げ量はほとんどないこともあり、過剰な捕獲を示していた。さらに、この頃から捕獲されたマダラの平均サイズが減少し始めた。革命後の段階では、年間捕獲量が30万トン以上に増加し、年ごとの変動も大きくなった。この水準の捕獲量は工業化期の最初の40年間も続いたが、ますます年ごとの変動が大きくなっていった。その後、25年間の低迷期を経て、1年で15万トンの低水準となり、10年間の好転期を経て、工業船による年間30万トンの捕獲量に戻ってきた。工業漁は10年間で指数関数的な増加をもたらし、1年間で80万トンの捕獲量がピークであった。このピークからすぐ翌年の捕獲量は15万トンにまで落ち込んだ。その後、最終的には年間20万トンまで上昇し、その後は再び減少した。1990年代半ばには、ニューイングランド、カナダ東部、ヨーロッパの沿岸地域社会に厳しい経済的、社会的影響を与え、大西洋マダラ漁業全体が停止した。

これらのデータは、運命的な終わりのずっと前に、何かが間違っていたことを表す兆候を示している。これは、苦労して得た教訓である。生態学者に新たな洞察をもたらしたのは、ここでも、歴史的な傾向や限界を超えて物事を押し進める人間の力だった。

なぜ回復は不可能になったのか

再生可能な自然資源のストック量が時間の経過とともにどのように変化するかを理解する最も簡単な方法は、(銀行口座の貯蓄に例えて)ストック量を高める流入とそれを減少させる流出の観点から動態を考えることである。タラ資源の流入は、他の資源からの移入(銀行口座の預金のようなもの)と、資源を構成する成魚による子孫生産(銀行の利子のようなもの)の二つの起源からもたらされる。資源からの流出は、資源外への個体の移動と捕獲(いずれも銀行口座からの引き落としに相当)、資源内の個体の自然死(金銭的価値の喪失に相当)によるものである。

しかし、動物や植物の個体群の貯留動態を考えると、金融の比喩は破綻する。貯蓄額に応じて金利が変化しない銀行の貯蓄とは異なり、動物や植物の個体群の増殖(金利)率は、個体群(ストック)の規模が大きくなると変化する可能性がある。増殖率は、個体数が増加すると、成体になる個体数が増えるため、最初は上昇する。最終的には、母集団の大きさが最大値を超えたところが転換点となり、その先では、母集団の大きさがさらに増加すると増殖率は着実に低下していく。この減少は、限られた食料資源をめぐる個体群内の競争に起因する。個体数が増加すると、個体当たりの食料が少なくなるため、競争が激化する。資源の取り分がますます減少していくことで、各個体の生存力や成長力が低下し、子孫を残すことができなくなる。この現象は、個体群生態学では密度依存性として知られている。

流入と流出を伴う個体群(ストック)は、最も単純なシステムの一種と考えることができる。子孫生産に由来する流入と自然死に由来する流出は、システム自体の中で発生する。システムの用語では、これらはフィードバックとみなされている。子孫生産は個体数を増加させるので、正のフィードバックと考えられている。密度依存性が原因の自然死は個体群が到達できる最大の個体数を決定しているため、負のフィードバックと考えられている。正のフィードバックが増加しても、負のフィードバックによって抑制することでバランスが取れていれば、資源の大きさは一定に保たれる。

漁業が資源を搾取するということは、事実上、ストックから引き出していることになる。漁業が人間の需要や価格の変化に応じて、捕獲された個体数の変化を無視して引き出し率を単純に増減させると、人間と自然の分裂が助長されてしまう。しかし、漁師が捕獲努力から得られる利益や、需要や価格の変化に応じて搾取行動を変えれば、社会-生態学的なシステムが結びつき始める。これらの原則は、タラ漁業がどのようにしてうまくいかなくなったのかを理解するのに役立つのだ。

最初の洞察は、その歴史のほとんどの間、漁業は人間と自然の分裂を継続させてきたということだ。発見の段階では、タラは再生可能な商品であり、永遠に続くものであると暗黙のうちに考えていた。漁業者たちはタラを捕獲したが、当時利用可能な技術では激しい搾取にまでは至らなかった。実際、捕獲はタラの個体数(資源)をその最大個体数からわずかに減少させ、密度依存性が働いた結果、資源の増殖率が高くなったのかもしれない。これらの増殖率は、捕獲率を相殺するのに十分だった可能性もあり、このことはなぜ200年間にわたって安定した漁業が可能だったかの説明になるかもしれない。時が経つにつれ、社会的・経済的な政策は、より多くの捕獲を継続的に支えてきた。企業の資本化が進み、高い収益が求められるようになったのである。捕獲量が目標値を下回った場合、人間は漁業の回復のために手を引くのではなく、捕獲量を増やすことで対応した。これに加えて、サイズ選択的な捕獲は成魚群のサイズ構成を変化させ、その結果、資源の生産性を変化させたのだ(第4章を参照)。

第二の洞察は、漁業がタラ資源の利用を管理する際に誤った対応をしたということである。捕獲量が一定であるにもかかわらず、捕獲量が減少するということは、資源の増殖能力が捕獲による損失を相殺するのに十分でない場合に起こる、過剰捕獲を示している。漁業は、割当量を設定し、それによって社会-生態システムの社会的な部分に是正のフィードバックを課して、自分自身を制御し、それによって漁業による引き出し(死亡率)を減らすことで対応することができたかもしれない。しかし、割当量が課されることは、ほとんどなかった。その代わりに、捕獲効率や捕獲量を上げるための技術が進んだのだ。マダラ漁業では、この新しい大型船漁の技術開発が、沿岸の小型船漁師の生活を脅かした。大型船技術は、漁業に必要な人手を減らすだけでなく、努力量あたりの潜在的な捕獲量を増加させることができる、規模の経済性の創出にも役立っていた。もし大型船漁業への全面的な転換が行われた場合、沖合小型船漁民の生活を脅かすことになっただろう。そのため、大型船技術の利用を制限しながらも、大規模な沖合漁業を自由に継続できるようにするための政策が制定された。政策は結局、より大きな引き出しを奨励することになったのである。社会－生態システムは、全く嚙み合っていなかったのである。

１９８０年代から１９９０年代にかけて、資本力のある産業用船団の単位捕獲量が経済的に採算を取るには全く不十分であったため、再び同様の政策がとられ厳しい規制が課せられたが、実際には消極的なものとなってしまった。しかし、長い漁業の歴史の中でその終盤の時期に制限を課しても、おそらく無意味だっただろう。システムはすでに、漁業を経済的絶滅に追いやるような不可逆的な生態学的変化の軌道に乗っていた可能性が高い。つまり、タラはまだシステムの一部であり、種としては絶滅していないが、その資源は経済的に実行可能な商業的漁業を復活させるのに十分なレベルに達する可能性は低かったのである。

これは第三の洞察につながるもので、この漁業が生態系の概念を不適切に単純化しすぎていためめに、このようなことが起こったということだ。資源個体群や資源量を、フィードバックを促進あるいは制御する密度依存システムとして扱うことができるという考え方は、その単純さからして明快なものだ。特に商業漁業や工業漁業などの天然資源経済学にとってこれは魅力的なモデルであり、持続可能性を実現する方法を提供するものだからである。この考え方によれば、密度に依存したフィードバック効果を利用して、資源生産を最大化し、それによって経済的リターンを持続させる捕獲レベル――最大持続収量と呼ばれる――に到達させることができる。このモデルによれば、以前は捕獲されていなかった個体群を慎重に捕獲すれば、その個体数は減る。この密度の低下は、資源生産率の増加によって補われる。緻密な管理によって、収量(生産性)が最大になるところまで個体群(ストック)のサイズを下げることができる。そして理論的には、その生産性以上には捕獲しないようにすれば、魚類資源とその最大収量、そして人間の経済的リターンとそれに伴う幸福を永続的に維持することになるのである。

この見解の問題点は、特に漁業に適用した場合には、捕獲対象の個体群が独立した存在であると仮定していることである。漁業は通常、食物網の上位捕食者を捕獲する。上位捕食者は、その存在を低栄養段階の餌生物種に依存している。支配的な上位捕食者としてタラも例外ではない。彼らの直下の餌種は、メルルーサ(白身魚のフライに使われることが多い)、イカ、カニ、ニシン、サバのような中型の捕食者である。これらの捕食種は、無数の動物プランクトンに依存しており、動物プランクトンは食物連鎖の下層にある植物プランクトンに依存している。また別の複雑さとして、小さな体の幼魚のタラは中型の捕食者種のいくつかによって食べられており、中型捕食者の量は成魚のタラによって制御されている。このように、成魚は、中型の捕食者からの試練を生き延びる可能性を上昇させることによって、彼らの子孫が成魚に成長するのを助ける。

主要な上位捕食者の捕獲は、生態系全体の捕食者による制御の変化を引き起こす可能性がある。捕食者制御の変化は、直接的には餌生物種の数を変化させ、間接的には餌生物種の資源の数を変化させるなど、波及効果をもたらす。これらの変化は、栄養分とエネルギーの流れが変化して捕獲対象の捕食者集団に戻ることで、生産者による制御とのフィードバックが相殺されることになる。このように、成魚のタラ、特に大型の個体を捕獲することは、タラ個体群の増殖を支える食物連鎖中の栄養素とエネルギーの量を減少させる可能性がある。面白いことに、タラの稚魚や若い個体を捕食する中型捕食者による捕食が弱まり、タラの個体群増殖を減少させる可能性もある。

これは、人間が相互に依存した種のシステムの一部として、搾取する魚類種だけでなく他のあらゆる種も見なければならない多くの例のうちの一つである。タラ漁業の場合は、大型の成魚の損失は、中型の捕食者が抑制されなくなり、幼魚や稚魚をより強い捕食圧にさらしてしまうことにつながった。捕獲量の多いタラ資源におけるこのような連鎖的な効果は、禁漁期間を設けたにもかかわらず、捕獲可能なレベルまで回復できないように見える理由を説明している。

種が捕食者および生産者制御とそのフィードバックを伴う複雑な食物網の一部であることが生態学的に認められるようになってきたことで、第四の洞察が得られた。種の禁漁期間の設置は回復につながらないかもしれないのだ。禁漁期間の設置は、単純化されたシステムモデルに基づいた政策手段である。つまり、捕獲レベルと捕獲された個体群への影響との間に直接的な直線的関係が存在すると推定されることに基づいている。したがって、捕獲を止めることで、資源量が時間の経過とともに順調に回復することが直ちに可能になると考えるのである。この考えでは禁漁期間が長ければ長いほど、回復は大きくなる。

しかし、種が食物網に組み込まれている場合、捕食者と生産者の制御とノックオン効果の相互作用により、非線形性（変数間の関係が直線的比例関係ではないこと。線形（一次）の項だけでなく高次の項も含んだ関係）が生じる。これは、目当ての種の個体群がある程度の閾値密度に達した後でなければ、禁漁期間の後捕獲可能な数まで回復しないことを意味している。この閾値に到達するまでには、非常に長い時間がかかるかもしれない。あるいは、システムが別の状態に反転してしまったために、資源が全く回復しないこともある。タラ資源の場合も、システムが別の状態に置き換わってしまったのかもしれない（生態学ではこのような状態が起こることをレジームシフトという」。成魚のマダラのサイズと生活環の進化的変化（第4章参照）を伴う過剰捕獲は、成魚のマダラが中型の捕食者の数を制御するのに十分な大きさや量ではなくなったために、食物網が再構築されたのかもしれない。このように、中型捕食者の解放という特殊なケースでは、タラの幼魚や稚魚が捕食の試練を乗り切り、成魚集団のサイズ構造を復元することはおろか、成魚の集団を構築することも困難になっている。その結果、食物網における支配的な上位捕食者としてのタラの機能的役割は奪われてしまった。タラの資源量の回復には、個体群を非常に豊富にすることが可能になる前に、まず上位捕食者として機能的に主要な役割を回復させることが必要であろう。しかし逆に考えると、機能的に主要な役割を回復する前に、タラの個体数は非常に豊富にならなければならないのである。食物網の再構築と、機能的に主要な役割を回復することができないタラは、おそらくストックを代替状態（オルタナティブステイト）（本来の状態とは異なった状態。この場合はタラの個体群構造が異なっていること）で維持しているのであろう。

回復不可能な恐れのある漁業の崩壊に伴う生態学的、社会的、経済的な激動を考えると、代替状態への移行を予感させるいくつかの先行指標があると便利であっただろう。最近まで、そのような指標は存在しなかった。最大持続収量の理論的枠組みは、代替状態の可能性さえも認めていなかった。タラのために作られた長期的な漁業データが利用できるようになったことで、生態学者は複雑なシステムの動態をよりよく理解するための新しい情報を得ることができた。

この情報と、搾取に伴う食物網の変化に関するデータを組み合わせることで、フィードバックや非線形性を説明できる新しい計算ツールの開発が加速した。これらの道具は、生態学者が複雑なシステムの状態変化を予測し、人間が自然の経済とよりよい関係を築くための指針となるような新しい原則につながっている。

変動性を受け入れる——シナリオ分析の効用

生態学者が複雑な生態系の動態を理解する能力は、数学と高速コンピューティングの現代的な進歩によって、とてつもなく助けられてきた。私たちは、高度に結びついた複雑な食物網の中の種の動態を特徴づけるために必要な、複数の数式を迅速に解析できるようになった。このモデルは、捕獲などの攪乱に反応して食物網全体にどのようにフィードバックが伝播するかを予測するために使用されている。

重要な洞察は、長期的に持続可能な野生生物の利用を維持するためには、収獲された種の数だけでなく、おそらくは逆に収獲された種の餌生物、さらにはそれらの餌生物の資源を監視する必要があるということだ。動物プランクトンや植物プランクトンのような食物連鎖の下位に位置する餌生物種は、数週間から数カ月の間に繁殖することができ、年1回繁殖しているタラよりも速い生活環を持っている。これらの小さな種は攪乱に非常に敏感である。これらの種の個体数は非常に変化しやすいため、問題となる攪乱を迅速に検出することが可能である。これらの種は、問題の芽を早期に発見することができる。

食物網の下層の種の数の変動の影響は、最終的には伝搬して、捕獲された個体群の年単位の変動幅に影響を与えることができる。結果として、平均捕獲量のリターンではなく、捕獲量の年ごとの変動の振幅（ボラティリティ）こそが、システムが持続可能であるかどうかを物語っている。この新しい原則によれば、1880年代から1900年代初頭までの間に、年ごとの捕獲量の上昇と下降が継続的に大きくなっていたことは、後から見ればタラ漁業にとって重要な警告信号となっていたのである。

意思決定上の難題は、搾取されたシステムの変動を引き起こす要因が他にもあることである。それには、気候の年々変動、社会‐生態システムにおける人間の行動変容が含まれる。このような複雑さが加わると、システムの動態を駆動する要因が単独であるのか、どれが最も重要であるのかを判断することが難しくなる。このような不確実性は、行動すべき政策立案者を消極的にさせている。

これらの要素が加わることで、生態系モデルの複雑さが増す。しかし現代の計算技術により、生態学者はそれぞれの要因を単独で、あるいは他の要因と組み合わせて考慮した結果の異なるシナリオを探求することができるようになった。これは、どの程度が人為的に引き起こされたもので、どの程度が自然過程に起因するものなのかという不確実性を減らすのに役立つ。シナリオ分析は、将来の状況や結果を想像するのにも役立つ。シナリオ分析は、望ましい結果を得るためにシステムに介入する際の適切な方法についての指針を提供することができる。また、異なる行動をとった場合の潜在的なリスクやコスト、あるいは全く行動をとらなかった場合の潜在的なリスクやコストを明らかにするのにも役立つ。いくつかのケースでは、行動しないことが非常に高くつくことがある。大西洋マダラ漁業の場合、捕獲量を規制するために十分な時間をかけて行動しなかったがために世界的に払わねばならない重要なコストが二つあった。

第一に、海洋食物網の再構築に伴う植物プランクトンと動物プランクトンの種の変化で、現在優占している植物プランクトンと動物プランクトンの種が変化したことだ。特に小型の動物プランクトンが多く見られるようになった。動物プランクトンの大きさは、動物プランクトンが消費できる植物プランクトンの大きさを決定する。つまり、動物プランクトンのサイズ構造の変化は、植物プランクトンの豊富さやサイズ構造に波及的な影響を与えている。その結果、海中の炭素の運命が変わっていくのだ。

歴史的には、植物プランクトン群集は珪藻類が優占していた。珪藻類は、その生活環の中で光合成の際に炭素を取り込み、組織内の炭素を深海に輸送して長期貯蔵することで、生態系に大きなサービスを提供していた。このようにして海洋生態系の中に炭素が貯留される仕組みを

「生物ポンプ」という。再構築された食物網は、表層水域に留まる藻類に優占されることで、この温室効果ガス調整サービスを変化させた。この食物網の変化は、気候による水中の熱力学的特性の変化により深海からの栄養塩の湧昇流が減少したことで、表層水への栄養塩の供給率を低下させている。表層水域での栄養塩の供給量が少ないため、藻類による光合成炭素の取り込み速度は制限されつつある。最終的には、藻類は珪藻よりも少ない炭素を取り込む。さらに、海洋で吸収された炭素の多くは表層水に長く存在するようになった。表層水での化学反応とバクテリアによる藻類の有機物の分解により、炭素は深海に貯蔵されるのではなく、大気中に放出される可能性が高いと考えられる。このような生物ポンプの変化は、北大西洋全域で見られる〔水面が大気で冷やされることでこの水は沈降し、湧昇流を引き起こすことで深海の栄養塩を水面に供給する。温暖化により水面が冷やされにくくなるとこれらの動きがますます鈍くなる〕。

第二に、ヨーロッパ市場での継続的な魚の需要を満たすために、工業漁船団は現在、西アフリカのガーナ沖の異なる有利な漁場に移動している。歴史は繰り返されるもので、これらの船団は別の近海の小型船による職人的漁業と競合している。ガーナでは、魚は地域社会の重要なタンパク源となっている。食事から得られるタンパク質が限られることで、すでに重大で慢性的な人間の健康問題が生じている。タンパク質の欠乏は、特に成人期まで続く影響を持つ子供の発達異常を引き起こす。工業的規模の捕獲により、地元の市場への魚の供給量が減少することで、地域社会は他の場所にタンパク質を求めざるを得なくなっている。この最大の供給源は、ガーナの熱帯林の後背地からの野生動物の肉である。この肉は爬虫類、鳥類、哺乳類のすべての種類から成り、希少なシカや大型類人猿も含まれている。これらの種は熱帯林の機能を維持するのに役立つ食物網に属している。遠く離れた場所での政策によって推進された人間の力が、海洋と熱帯林の生態系と、その両方に依存して生活と幸福を享受している地域の人間の運命を結びつけているのだ。

生態系エンジニアとして人間は、不確実性とそれに伴う意思決定の停滞をひどく嫌う。私たちの歴史の中で、人間はシステムに介入するときはいつでも、命令と制御、または単一の原因と単一の効果といった古典的なエンジニアリングの考え方を拡張する傾向があった。その意図は、特定の生態系からの品目やサービスの提供の不確実性を少なくすることにある。しかし、繰り返されてきた教訓は、自然の複雑さとそれに伴う変動性によって、厳密な制御をしようとしても上手くいかないということだ。このような方法は、結局のところ、生態系をもろくし、それによって崩壊しやすい状態にしてしまうだけである。自然の制御の困難さについての新たな理解では、変動性を正面から受け入れ、その大きさを決定する要因を科学的に理解し、人間による自然の搾取も含めて、その限界範囲内で管理することが必要である。このような複雑なシステムの管理に関する新しい見方は、レジリエンス(回復力)の概念に表現されている。

レジリエンスの限界

レジリエンスとは、外乱からの衝撃を吸収しながらも、その構造と機能を維持するシステムの能力のことである。生態系の回復力の文脈における持続可能性の目的は、単一の産物(例えば、魚や木材)の安定供給をあからさまに行うことではない。むしろ、新しい考え方では、目的は生態系の機能的な完全性を維持することであり、単一の産物は今後、生態系全体の機能を維持し、それらが提供するサービスの多くの利益配当の副産物の一つとなる。

生態系は同時に多くの機能やサービスを提供している。そこには、土壌の発達、栄養循環、エネルギーや物質の流れなどの機能を支えるものがある。炭素隔離を含む水や温室効果ガスの調節のような調節サービスがある。魚や木材のような物質的な配当を生み出す供給サービスがある。これらはすべて相互に依存している。

例えば、特定の望ましい樹種を栽培・収穫する林業では、生態系内での樹木生産を支えるための健全な土壌と栄養分の循環が行われていなければ、持続可能とは言えないだろう。また、その生態系内で生育している目当ての樹種が進化の過程で獲得してきた許容範囲内で、温度と水分の条件が維持されるように温室効果ガスの排出量が調整されていなければ、その事業は持続可能なものではない。食物連鎖の不可欠な一部である野生生物が、機能的な役割を果たすことができなければ、持続可能ではない。数種類の生態系サービスを同時に維持することは、森林生態系の生産性を維持し、森林経営の収益性を高めるために必要である。森林管理にこのような方法をとることで、自然の生態系過程、特に食物網における種の相互作用を管理活動の一部として組み入れた場合には、財政的な運営コストを下げることができるという付加的な利点もある。

もう一度、北方林について考えてみよう。北方林はアスペン〔ドロノキに近い仲間〕とトウヒの混交林で構成されており、人間にとって経済的に重要な天然資源である。アスペンは合板の製造やパルプ・紙の製造に使われている。トウヒは、住宅建設に使われるツーバイフォーやツーバイシックスなどの寸法材に使われている。そのため、伐採後に両樹種の再生を成功させることが重要な管理目標となっている。しかし、多くの企業にとっては、競争力のある優占種であるアスペンがトウヒの再生を抑制し、アスペンの単一樹種化につながることが多いため、このことは厄介な問題となっている。

混交林再生が失敗することが多いのは、林業界が機能システムの適切な概念化を行っていない可能性があるからである。従来の商品生産に対する見方は、単に木を育てることだけに焦点を当てていた。これには、何百から何千ヘクタールにも及ぶ伐採が含まれ、高価な重機を使って大規模な伐採後の再植林のための大規模な準備が行われ、高価な苗床で育てられたトウヒの苗木が集中的に再植林される。また、シカやヘラジカのような大型草食獣の個体数を制御することで、草食動物を寄せ付けないようにしている。このような管理をしなければ、これらの草食獣が貴重な再生林を食べてしまうという信念に基づいている。しかし、新しい違った見方では、草食獣と樹木種の間の生態学的相互作用を認識し、生態系の機能を促進するために活用することになる。これは、混交林の木材供給生産を単に利益配当の一つとして扱うものである。

北方林の生態系では、シカやヘラジカは景観の中を移動して採食したり、オオカミのような大型の肉食動物から逃れたりしている。どちらの草食動物もアスペンの採食を好み、それによってアスペンの優占度を下げる可能性がある。これらの草食動物を柵で排除した実験により、これらの草食動物が実際にアスペン/トウヒの競争を仲立ちしていることが明らかになった。しかし、森林の皆伐方法はシカやヘラジカの採食行動に影響を与えるほど森林景観を変化させている。特に、大きな皆伐地では、オオカミと人間の両方によってこれらの草食動物が狩られやすくなる。これらの草食動物は、手つかずのままの森林内に避難場所を求めて、皆伐地の端に移動するという反応をする。彼らは皆伐地の縁でのみ採食を行う。そのためにアスペンが皆伐された場所の大部分で優占することがしばしば見られる。

しかし、森林の伐採方法を改変することで、草食動物が感じるリスクを変えることができる。もしも、伐採された土地に2ヘクタールから5ヘクタールの広さの生息場所が残っていれば、シカやヘラジカは景観全体に多くの避難場所を持つことになる。実験によると、このようなパッチを残すことで、ヘラジカとシカを森の端から引きずり出すことができることがわかっている。そして、彼らが採餌をすることによって、伐採された面積全体でアスペンとトウヒの競合を仲介し、よりバランスのとれた混交林の再生を促進するのである。

捕食リスクの高さの変化に応じて変化するシカやヘラジカの採食行動は、表現型可塑性のもう一つの例である。表現型可塑性は、これらの動物が生存と繁殖を調整し、維持することを可能にしている。彼らの適応的な反応は、種の構成と生態系の機能に影響を与えるノックオン効果をもたらす。このように、種の相互作用を損わずに保つための管理に重点を置くことで、生態系全体の回復力が構築され、その結果目的とする産物の生産が維持される。

この例は、生態系に内在する入れ子状の階層構造から、生態系の回復力がどのようにして現れるかを示している。これには、異なる時間スケールで発生する相互作用が含まれている。種の中の個体は、適応的な反応を示すことで、変化や攪乱に対応する。非常に短い時間の中で、種の個体は、生存と繁殖を維持するために、形態、行動、または生理を変化させ、それによって生態系における機能的な役割を維持することができる。形質の変化の程度と性質は、これらの種がどのように自己組織化し、食物網の中でのつながりを形成し、維持するかを決定する。また、生育期やそれ以上の期間に渡って、種がどのように相互作用するかを決定する。これらの相互作用の遺産（レガシー）は、数年から数十年に渡って栄養循環に影響を及ぼす可能性がある。最終的には、この階層構造が生態系全体の特性や特徴を決定することになる。例えば、北方林や熱帯林を構成する寿命の長い樹種や、食物網の構造やサバンナの景観を形成するシロアリ塚周辺の栄養源のホットスポットなどがそうである。これらの生態系は、数十年から数百年の間、変わらないかのように見えたり、変化が非常にゆっくりであったりして、自然の安定したバランスの中にあるかのような印象を与えてくれる。しかし、この一見安定しているように見えるのは、生物種が乱立し、絶えず流動的で、刻々と変化する環境に種が迅速に適応し、それによって生態系を攪乱から緩衝作用で守ることで持続可能性を維持しているからなのだ。このように、生態系は複雑であるだけでなく、適応性があるのだ。システム思考の専門用語では、複雑適応システムと呼ばれている。

環境変化をもたらす自然攪乱体制は、種の適応能力の重要な決定要因となる。攪乱は、種の中の個体や生態系の中の種の能力において、ばらつき、すなわち多様性の選抜を行い、それによって生態系の機能を維持する。山火事の抑制や、河川の流路を整備して一時的な洪水を止めるなど、このような攪乱を取り除く制御は、純粋に産物生産の観点からは有効であるように思われるかもしれない。しかし、このような制御は、回復力(レジリエンス)の観点から見ると、持続可能性とは全く相反するものである。

しかし、レジリエンスの考え方は、種の適応能力に由来する緩衝作用が万能薬ではないことを認めている。表現型の可塑性や急速な進化を介して適応するための種の能力は、彼らの遺伝的な構造に根ざしている。遺伝学的には、どのような種でも変化できる範囲は制限されている。特定の形質を持つ個体を選択する野生生物の収獲や、個体の生理的ストレス耐性を超える過剰な環境汚染のように、能力の限界を超えるような変化は、これらの緩衝効果を損なう可能性がある。その結果、生態系が別の状態に変化してしまう危険性がある（前出レジームシフト）。現在の生態学の課題は、生態系機能の全体的な範囲に対する限界が、種の遺伝的構造と進化の歴史によって規定された、種の進化的適応能力によってどのように決定されるかについて、より深く、より正確な実証的理解を深めることにある。

人間が真に「社会的」であること

レジリエンスはまた、人間は生態系の一部としてではなく生態系の外に存在しているという、人間と自然の間に溝があるという考えを放棄することも要求している。この「人間と自然の分裂」という考えは、人間をシステムから排除してきた生態学的枠組みに由来している。また、対象となる「自然」システム——つまり捕食性昆虫や植食性昆虫、草本植物の多様性からなる食物連鎖——を分離してきた科学実験の伝統にも由来している。対象となるシステムは、その後、上位捕食者を除去したり、システム内の土壌窒素供給を増加させるような攪乱が、システムの動態をどのように駆動するかを検証するために操作が行われた。このことが理解できれば、汚染や除草剤の散布など、人為的に引き起こされる可能性のある他の攪乱の影響を検証することができるはずであった。しかし、人為的に引き起こされた攪乱は、システムの外部から来ていると考えられていた。これが、人間が習慣的に生態系を攪乱しているという考えにつながっている。

この「分断」は、生態系を人間社会の外部にあるものとみなす古典的な経済思想によって、さらに促進されている。古典的経済学は、経済市場を通じた社会の相互依存と相互作用に焦点を当てている。そして、生態系は、市場への資源の外部からの供給の源泉として捉えられてきた。生態系は、経済的な利用価値に影響する原材料をもたらす供給サービスを提供する。この見方では、これらの材料の利用価値の変化が、資源の過剰な搾取や生態系の損傷を社会が引き起こすことを防ぐ自己規制的なフィードバックを提供していると見なしている。

どちらの視点から見ても、人間も紛れもなく生物種でありそれゆえに多くの進化の過程で得た性質を持っていることを無視している。人間は他の種と同様に、ゲームプランに従っている。彼らは、無私と協力的な行動だけでなく、非常に利己的な行動能力を持っている。これらの行動は適応的である。人間以外の種のように、自然経済の中で生き残るために厳しい進化のゲームをしなければならないという意味ではおそらくないが、そのような適応的な行動は、価値観や態度、社会行動の規範、社会がどのように機能するかを決定する政策を形作る。人間の社会システムの内部の仕組みもまた、社会の適応能力を形作る入れ子のような階層構造によって駆動されており、それは市場の変動性のような社会システム自体の中での攪乱や、壊滅的な財産被害を引き起こす嵐のような外部からの攪乱に対するレジリエンスを形成している。

しかし、人間に基づいたシステムと自然に基づいたシステムは、大部分がそれぞれ独立した存在であるという世界観を社会は未だに保持しがちである。このような世界観は、人間の行動が市場経済と自然経済の間で相互にフィードバックするという事実を無視している。一方で社会‐生態システム思考は、そのような人間の行動が社会と自然が魅力的で複雑な適応システムの中に織り込まれていることを理解している。したがって、市場の不確実性と変動性は、一部では商品生産の変動性と結びつく可能性があるが、それは人間が自然を飼い慣らし、エンジニアリングするやり方とも結びついているのだ。

例えば、ブリストル湾での採掘は、そこで切実に必要とされている雇用と、世界の技術市場に不可欠な金属の膨大な供給を支える可能性がある。しかし、サケの産卵を支える河川の源流を汚染する危険性があり、それによってサケの年間遡上量が崩壊する危険性がある。このような損失は、この地域およびその先の社会的システムと生態的システムに重要なフィードバックをもたらすだろう。遡上する大量のサケの喪失は、河川とその周辺の森林生態系の中で食物網を形成している最大１５０種の動物を支える重要な栄養源の喪失につながる可能性がある。また、この地域の持続可能な商業漁業や娯楽としての漁業に生活と幸福を支えられている地域社会の雇用を失うリスクもある。また、河川から周辺の森林にもたらされる栄養供給を失うリスクがある。その結果、世界市場に参入する木材商品の供給と価格を支え、この地域の貴重な林業の雇用を支える森林生産が低下するリスクがある。ある地域の資源に対する世界的な需要は、同じ地域の他の資源の世界的な供給に影響を与える可能性がある。その地域の人間の生活と幸福は、輸出と貿易で結ばれている他の世界の地域と同様に、重大な岐路に立っているのだ。

環境運動の初期の思想的リーダーの一人であるバリー・コモナーは、著書『クロージング・サークル』の中で、「すべてのものは他のものとつながっているというのが生態学の絶対的な法則である」と宣言したことで広く知られている。多くの人はこれを口先だけのものと見るかもしれない。しかし、新しい社会-生態システム思考は、この現実を避けることなく進んで受け入れ、その上に築き上げるものだ。それは、人間の社会システムや自然システムのレジリエンス、ひいては地球規模の持続可能性を最終的に決定する新たな相互フィードバックを理解するための基本的な原則の一部である。また相互フィードバックを理解することは、単に「社会的なもの」を経済学や人間の行動を駆動する固有の金融価値、それらの選択および効率と同一視する傾向を克服することを意味する。「社会的」とは、単なる経済だけではなく人間性の多くの側面を体現するものである。

人間の社会システムは、適応能力を決定づける自然的要因と社会的要因の集合体である。社会システムは、天然資源(エネルギー、木材、水など)、社会経済資本(労働力、資本、情報、そのコミュニケーション)、文化資本(神話や信念、宗教や倫理)に依存している。これらが一体となって、人間の行動を左右する階層的な社会構造が形成されている。階層の根底には、個々の人間の行動サイクル、人間の健康、人間の価値観や嗜好、人間の行動を決定する基礎的な個々の神経生理が存在する。別のレベルでは、健康、正義、信仰、および生存のための要求に応える社会制度がある。社会システムの個人の部分と制度的な部分が合わさって、社会の秩序を作り出している。この秩序は、人々や集団間の変化しやすい相互作用と、人間が社会の機能を決定する規範、倫理、規制を形成するやり方から生まれるのである。

人間は、自然経済の中で社会的機能の拡張により人間以外の生物と結びついている。そしてその社会的機能は生態系機能のレベルに依存し、生態系機能は生物多様性に依存しているのである。人間の社会システムと自然システムの結びつきが弱かったとすれば、両者は機能的な意味で独立した存在として捉えられるかもしれない。その場合世界は、人間が「人間の生態系」の中で生活し、それ以外のすべての生物が自然の生態系の中で生活しているという、人間と自然の分断下にあると考えても問題ないだろう。しかし、自然界においても、ある生態系内の種は、生態系の境界を越えた物質やエネルギーの流れを通じて、他の生態系内の種と表裏一体の関係にあることが多い。ますます飼い慣らされている自然は、これらの流れや、自然と人間の社会システムの相互依存性を増大させている。これらの相互依存関係は、地球全体にまたがっているのである。

このような統合と複雑化は、物事があまりにも複雑になりすぎて、人間の行動を導いて回復力のある持続可能な未来を実現することができなくなる可能性が高いことを意味している、と絶望する人もいるかもしれない。その代わりに彼らは、単に破壊が行われていることを強調することで社会に影響を与えようとし、人間に自分たちのやり方を変えるように恥をかかせたり、変えなければ彼らを諭したりしようとしている。これは単に、人間と自然の間にある、もはや手に負えない分裂を深めるのに役立つだけである。

ニュー・エコロジーは、もっと他のそしてより多くの何かを提供する。高度に複雑なことは、とてもややこしいことと同義ではない。複雑さとは、単純な指揮統制、単一原因・単一効果の政策開発や環境管理の見解が通用しないことを意味しているにすぎない。複雑さは、システムのどの部分よりもシステム全体を優遇する必要性を理解するのに役立つ。複雑さは、外乱に対するシステム応答に非線形性を生み出すフィードバックを評価するのに役立つ。ニュー・エコロジーは、社会‐生態システムの内部の働きの入れ子状になった階層構造とメカニズム、そしてそれらが乱されたり搾取されたときに生じる非線形な反応を理解することで、システム全体の働きを理解し、予測することができることを示している。生態学者は、社会が環境との関わりにおいてより思慮深く、効果的な存在になるよう、新しい技術、新しい道具、新しい原理の進展を支援し続けている。自然に関与しないことを奨励するのではなく、生態学者は人間が環境の思慮深い管財人になるための手助けをしているのだ。

第6章　驕りから謙遜へ

人工生態系の失敗から

私にとって自然の神秘を科学的に解明し、説明する重要な方法は、種の行動の博物学的な観察によって得られた直観を試す実験である。より科学的に言うと、直観を新しい理論に再構築し、論理的に検証可能な予測を導き出し、それが実験の設計と実行の指針となり、その考えに価値があるかどうかを確認するのだ。そうであった場合も、そうでなかった場合も私は何かを学ぶのである。間違っていた場合には、私は机に戻って物事を考え直す必要がある。このように科学的な知識の過程は、複雑さの中で自然がどのように機能するかについて理解を深めるのである。

このような試行錯誤を経て発見されていく過程は、私たちの多くが子供の頃学校で経験した、理科実験と根本的に異なるものではない。確かに、私が一番わくわくした思い出の一つは、自立した生態系を構築するためには何が必要かを実験で発見したことだった。それが私が生態学者になる運命を決定したのかもしれない。

実験では、水と窒素などの栄養分、バクテリア、水生植物、カタツムリや昆虫などの動物を組み合わせて、ガラス容器にさまざまな生態系を組み立て、密閉する。これらのガラスの中の生態系は、食料エネルギーや栄養素の生産と消費、ガス濃度のバランスをとる経済であった。この経済では、植物は光合成の際に二酸化炭素を取り込んで組織と酸素を作り、その過程で二酸化炭素をある程度吐き出し、動物は植物などを食べて二酸化炭素を吐き出し、年老いた個体は死滅し、その体内の化学成分はバクテリアによって分解され、システムを通じてリサイクルされていく。バクテリアも二酸化炭素を吐き出していた。呼吸した二酸化炭素はすべて、植物の光合成と新しい生産にフィードバックされた。この循環経済は、ガラス容器の固定された境界線の中で完結して動作していた。そして、容器が太陽の光とある温度に置かれ、その中の生物が耐えられるようになると、生態系は魔法のように自給自足になり、かなりの時間の間、何度も何度もサイクルを永続させることになる。

これと同じような科学実験が、アリゾナ州ツーソンから車で30分ほどのサンタ・カタリナ山脈の麓にある、完全に密閉されたガラス張りの施設で、1990年代初頭に試みられた。アメリカンフットボール場2・5面分の広さを持つこの施設は、バイオスフィア2(地球がバイオスフィア1であることからその名がついた)と呼ばれ、巨大な「ガラスの壷」の中で、複数の生態系の機能を一度に維持することで自然を再現するという、人間の創意工夫と技術的なノウハウが通用するかどうかを見るために用いられた。

工学的には素晴らしい偉業だった。密閉された空間には、熱帯雨林、海とそれに付随するサンゴ礁、マングローブの湿地、サバンナの草原、霧の砂漠に属する植物や無脊椎動物、脊椎動物からなるいくつかのミニチュアの生態系が存在していた。冷暖房システムは、太陽光発電とその場所の天然ガス発電に依存している。最も重要なことは、人間の居住と農業のために空間が意図的に割り当てられていたことだ。医学博士や研究者を含む8人の冒険家の乗組員は、2年間施設内に封印され、その間日常生活を送ることができた。科学者たちは、彼らの健康状態だけでなく、空気、水、周囲の土壌化学状態を観測した。

バイオスフィア2（Courtesy of the University of Arizona）

人間はバナナ、パパイヤ、サツマイモ、ビート、落花生、ササゲ、豆、米、小麦を栽培しており、これらは総食事量の約83%を占めていた。食事はヤギ、豚、家禽、魚の肉で補われていた。モニタリングの結果、入所後の住民の健康状態は改善され、コレステロールや血圧が低下し、免疫機能が強化されたことがわかった。しかし、入所者はほとんど最初から空腹を訴えていた。最初の1年間で、彼らは初期体重の平均16%を失った。2年目には、低カロリーで高栄養の食事から栄養素を抽出するための代謝が効率的になり、食物生産能力も向上したため、体重が回復した。これは、人間の適応的な生理的・行動的可塑性の良い例である。

しかし、生態系は内部の生物物理的環境条件のために、発達しなかったり変質したりした。霧の砂漠は、施設の物理的構造による結露により、藪のようなものとなった。熱帯雨林の樹木は急速に成長した。しかし、日照条件が悪いことや、風などの外乱による機械的ストレスがないことで、樹木が物理的構造を適応・強化することができなかったため、サバンナや熱帯雨林の樹木は細長く脆い構造になってしまった。珊瑚礁は繁栄した。しかし、珊瑚礁には、珊瑚の呼吸を妨げる藻類を取り除き、炭酸カルシウムとpHのバランスを整え、海洋酸性化を防ぐための手入れが常に必要だった。マングローブの生態系も急速に発達したが、日照量が低かったためか、通常よりも下層の植生が少なくなっていた。

最も重要な課題は、大気中の二酸化炭素と酸素をバランスのとれたレベルに維持することだった。二酸化炭素のレベルは大きく変動した。冬場の二酸化炭素濃度は現在の10倍近くになり、時には21世紀レベルの3倍近くになったこともあった。酸素濃度は、標高の高い山程度に薄く、人間にとっては危険なレベルにまで低下した。そこで、二酸化炭素濃度を管理する技術（CO_2洗浄器）を用いて大気を管理しようとした。また、砂漠やサバンナの生態系を、光合成を高めるために成長の早い植物に植え変えて、ガス調整サービスを促進しようとした。これは、二酸化炭素の取り込みと酸素の放出を高めることを意図したものである。また、急成長した植物のバイオマスを伐採して炭素を貯留することで、二酸化炭素の吸収と酸素の放出を促進した。しかし、収穫したバイオマスを保存・保護するスペースがないために、微生物による分解を受けやすく、それに伴って二酸化炭素が大気中に放出されてしまうことになった。

さらに科学的な調査を行ったところ、施設内の露出した構造用コンクリートに二酸化炭素が反応し、炭酸カルシウムとして炭素と酸素が貯留されていることがわかった。これは、大気中の二酸化炭素と酸素のバランスを回復させる能力をさらに低下させた。

人間の住人は睡眠時無呼吸症候群と慢性疲労を経験し始めた。鳥類や哺乳類の多くの種と送粉昆虫のすべてが死滅したが、これは大気の状態が変化したことに起因している。アリやゴキブリの数が爆発的に増え、アサガオの一種は熱帯雨林の生態系を覆い尽くし、他の植物を駆逐した。バイオスフィア2では人間に安全な生活環境を提供できなくなったため、実験は2年後に中止された。

これは経費のかかる事業だった。2億ドル以上が建設と、小さな村とさえ考えられないくらい小さな土地に住む人間の健康と幸福を支えようとするために費やされた。地球全体で人類をこのように人為的に支えるためにどのくらい負担がかかるのかを計算してみるのは、気が遠くなるようなことだろう。さらに、バイオスフィア2の中での生き方を考えると、そのような投資を持ってしても生命の基本的な必需品だけしか支えられないだろう。

バイオスフィア2は、技術の限界や、環境問題を解決するため必要なときにすぐに技術を生み出せるとは限らない人間の発明の能力について、重要な教訓を与えてくれた。バイオスフィア2は、人類の生命の健康と幸福をサポートする持続可能なサービスを提供する、機能的な自然経済の技術を開発することは私たちにとって難しく、ましてすべての生命を支えるには、まだまだほど遠いことを私たちに教えてくれた。

幸いなことに、私たちにはまだバイオスフィア1がある。生態学的・進化的過程を経て、生物圏はすでに種の多様性と、それに関連した人間の生活と幸福を支える生物物理学的条件を維持するための巧妙さを持っている。それは、変化に適応するために必要なレジリエンスを提供している。重要なのは、社会が自然を飼い慣らしていく中で、この能力をすべて維持できるようにすることである。ニュー・エコロジーは、別の形での社会 - 生態的統合を目指している。それは、アルド・レオポルドの足跡をたどり、環境スチュワードシップと呼ばれる、科学的な情報に基づいた人間の関与に対する倫理的な意識を高めることによって行われる。

先に述べたように、人間が自然に対して持つ倫理的な意識や非経済的な価値観は、人間の態度や行動を形成する上で重要な役割を果たしている。この種やあの種、その機能的役割、そしてそれらが提供するサービスが保存されるべきかどうかについての考察や討論にあたっては、まず参加者の倫理的な視点を明確にしなければならない。すべてのものが人類の実用主義的な要求を支えるために存在しているだけであり、自然は人類の楽しみのための種の集まりにすぎないという、厳密に人類中心の(人間中心の)見方を人々はするのだろうか？　それとも、人間は何か大きなものの一部であり、それゆえに他のすべての部分を尊重しなければならないという、完全に人間中心ではない考え方を取るのだろうか？　それとも、この二つの見解の中間にあるものなのだろうか？　環境スチュワードシップが何を達成しようとしているのかを理解するには、人間中心的、非人間中心的な幅広い倫理的配慮の文脈を考える必要がある。

生態中心的思考

自然と環境に対する人間中心的な倫理観は、大抵の場合、神の命令を信じることが自然の利用と保護を導くという宗教的な文脈から生まれ、発展してきた。または、より世俗的な文脈では、人間と人間の生物物理学的環境との関わりについての合理的な考えに基づいて作られた。

しかし、これらの見解のいずれにおいても、倫理的地位は大部分が人間にのみ与えられていたか、あるいは、感覚を持ち、理性的な存在にのみ適用されていたのである。当時の科学的理解と信念体系(例えば、動物は痛みを感じない組織体であると事実上宣言している生体解剖主義哲学の倫理)を考えると、この倫理観は、ほとんどすべての動物種を除外し、ほとんど確実にすべての植物を除外していた。

非人間中心の環境倫理学の分野は、人間と自然との関わりにおいて、より謙虚な姿勢を求める声に応えて生まれたものである。非人間中心の環境倫理学は、自然界を支配することも人間の幸福を向上させるという単純な考えを超えた、人間行動のための規範を展開している。実践的な観点からは、非人間中心の倫理が社会の中で表現される方法はいくつかある。

おそらく最も身近なのは、動物の権利と動物愛護運動から来ているのではないだろうか。動物の権利の倫理は、感覚があると考えられているすべての動物に倫理的な立場を拡張する。通常、これは爬虫類、両生類、魚、鳥、哺乳類にのみ適用される。これらのグループが、人間と重要な機能を共有していること、つまり背骨を持っていることとはおそらく無関係ではない。これらの種には、クマやオオカミ、クズリ、ライオンやトラ、ヒョウ、シマウマやサイ、ヌーやゾウ、パンダ、クジラなど、私たちに自然に対する魅力を惹きつけてやまない種が含まれている。これら魅力ある動物たちに危害が及ぶ可能性があること、あるいは失われる可能性があることが、自然を保全し、保護するための行動の多くの動機となっている。しかし、爬虫類、両生類、魚類、鳥類、哺乳類を合わせた8万5000種は、地球上に生息する約870万種のうちのごく一部にすぎない（現在記載済みの種は約200万種であるが、実際に存在する種数は500万種とも1000万種とも推定されている）。特にこのような考え方では、これら脊椎動物の生息地を形成している、植物種に倫理的立場を拡大することを検討することすらできない。動物の権利に関する倫理は、他の多くの種よりも少数の種を優遇していることになる。

別の考え方である生物中心（またはバイオフィリック――生物相の愛を意味する）倫理は、すべての生き物、特に通常、感覚を持っていると考えられていないもの、およびほとんどの人間にとって確かに魅力的でないと考えられているもの、例えば、土壌昆虫、微生物、および真菌によって立つ。生物中心倫理学は、すべての生物には、生きていることと、生き続けるために努力することから生まれる固有の価値があると考えている。これは、人間もそうでないものも含めて、すべての生物には平等な価値があるという倫理的態度につながる。そして人間は、それぞれが「それ自身の善」を持っているのだから、すべての生物に対して謙虚さと尊敬の念を示すべきなのである。このような倫理観は、自然界の生物多様性を尊重することにつながる。

このような倫理観は、人間の働きかけによって生物が利益を得たり、害を受けたりすることがあることを前提としている。したがって、人間は、種の生きる可能性を否定することなく、生物学的性質に応じて、自然の成り行きを想定して行動しなければならない。

生態中心的な倫理は、すべての生物と、生命を支える非生物の物理的構成要素(例えば、地質、土壌、水)に倫理的立場を拡大することによって、物事をさらに一歩進める。ここでは、自然に対する尊敬と謙虚さには、すべての生物が相互に依存していることへの感謝が含まれている。人間と人間以外の種が、その機能的な役割と相互依存関係を通じて生態系の物理的・生物的構成要素を構築していくことは、すべての生物の存在にとって必要不可欠なことであると考えられている。生態系は、すべての種が生物学的機能を果たすことによって維持されているのだ。

しかし、一部の人にとっては、これがジレンマを生む。特定の行為——例えば、捕食や病気への感染——が他の人に害を与える場合、これらはシステム機能の一部として考慮されるべきだろうか? これを守るべきなのだろうか? 生態学の基本的な法則では、すべての生き物が存在するために何かを食べなければならないということを考えると、生態中心的な倫理観は、「はい」と言うだろう(生態学では、病気は、被害者が必ずしも死ぬわけではない捕食の変形版にすぎないと考えられている)。したがって生態中心的倫理では、人間が自然の一部とみなされるべきで、他のすべての種のように、人間は自然を搾取する権利を持つべきであると考える。

生態中心的な倫理観は、生物種としての人間は複雑で適応的な生態系の機能的な一部であるという現代の生態系思考の基礎である。人類が自然を利用する権利を認める一方で、そのような倫理観は、持続可能性を無視した生態系の利用を人類に許可することを意図したものではない。システム思考は、システム全体の持続可能性を維持するためには、人間は食物網の構造を維持し、種の相互作用とフィードバックによって生み出される動態を維持するように行動しなければならないことを教えてくれる。これは、アルド・レオポルドの一般的な倫理原則を現代風にアレンジしたもので、人間の行動を自然の経済に導くことを目的としている。

それが生物学的な群集の完全性、安定性[回復力と持続可能性]、そして美しさを維持する傾向があるとき、物事は正しい。それ以外の傾向があるときには、それは間違っている。

社会政治的、経済的な利益は、しばしば人間の行動の動機となる。人間は、資源を利用する際に、種の相互作用やフィードバックを上書きするために、技術を利用することができるし、実際に利用している。生態学者は、このような自然の経済圏外の要因が、自然の完全性、回復力と持続可能性、そして美しさを危険にさらす可能性があることをますます認識するようになってきている。これを受けて、生態学者たちは、持続可能性のためには自分たちだけではどうにもならないことも理解するようになってきている。人々が科学的な指針を受け入れるか、それともそれを歓迎したり信頼するかは、社会的な文脈や社会内での倫理的立場の多様性に依存している。このことを理解して、生態学者はこれらのさまざまな倫理的立場とそれを決定する社会システムの性質を尊重する、環境スチュワードシップという新しい倫理を発展させるのに貢献してきた。

環境スチュワードシップ倫理、その成功の条件

環境スチュワードシップは、一方の人間中心主義と他方の生態中心主義の中間に位置する新興の倫理である。人間には環境との相互関係を媒介とした倫理的義務があるとする非人間中心で生態中心的な考え方と、人間中心の考え方をある意味で融合させたものである。このように、人間は他の人間に対して、自然の完全性、回復力、持続可能性、美しさを守るという倫理的義務を負っている。これを成し遂げるためには、必然的に、自然経済を支える生物と物理的環境の相互依存関係を守るという倫理的義務を負うことになる。

環境スチュワードシップは単なる保護の別名ではなく、生態系を構成する種や生息地を保全し、保護することを第一の目標としている。また、管理の別名でもなく、社会が生態系を利用する際に生じる潜在的な損害を最小限に抑えることを第一の目標としている。環境スチュワードシップ倫理は、生態系サービスの生産のために環境性能の継続的な改善に努める。これは、

天然資源を生態系機能の配当として賢く効率的に利用し、その部分だけでなく生態系全体を保護し、生態系サービスの提供を支援するための賢明な環境政策や規制の進展を確実にするという公約によって達成される。

スチュワードシップとは、リスクを最小限に抑え、自然の生態系とそれが現在と将来の世代に提供するサービスを維持・回復する機会を最大化するために、創造的かつ科学的な自然保護のための行動を見つけることである。スチュワードシップとは、政府が人間の行動を規制するための法律や手続きを制定したり、市民が利害の対立を折衷するだけのものではない。スチュワードシップは、すべての市民が環境に関する意思決定の責任を共有し、その意思決定から生じるあらゆる行動の結果について説明責任を負うことを促している。

スチュワードシップが成功するのは、人間が個人として、あるいは人間の社会システムを構成する組織、コミュニティ、その他の機関のメンバーとして、長期的な持続可能性のために、利害関係を持ちながら協力して生態系を管理するという関心のもと、互いに関わる機会を持つときである。持続可能性は、特定の社会システムの中で行われた選択の結果から生まれるものなのだ。これらの選択は、環境的、社会的、経済的な文脈に依存する。例えば、貧しい社会や農業生産量の少ない地域の人々は、農業生産で自給自足をしているが、裕福な社会や肥沃な土壌を持つ地域の人々は、余剰の食料生産を異なる目的(例えば、バイオ燃料と食料輸出)に分配することを選ぶかもしれない。また、より貧しい社会の人々は、水質改善の努力よりも自給自足に重きを置くかもしれない。

理想的には、選ばれた選択肢は永久に固定されてはいけない。将来の運命が変わるのを見たときに、社会が新たな選択をする機会があるべきである。そのためには、環境、社会、経済状況の変化に応じて創造的に適応することが必要である。そして新たな科学的理解に対応できるような回復力を持つために、不変ではなく、変化の可能性を持った管理が必要である。スチュワードシップは、人間が複雑ではあるが適応力のある社会‐生態システムの一部であるという考えを実現するものである。

効果的なスチュワードシップは、市民が関心を持ち、自分の選択した行動が地域の環境にこの先どのような影響を与えるかについて、常に情報を得る責任を負うことを求めている。自分自身が大きな絵の一部であると考えること、それは例えば、息をのむような緑豊かな山の景色が広がるバーモント州のような場所で環境を保護するという行動が、その州が位置する米国北東部をはるかに超えた地域まで結果をもたらすことを理解すべきであることを意味している。バーモント州の山頂の中には、現代の風力発電技術を利用した再生可能エネルギー発電に理想的な山もある。しかし風車は、魅力のない、いかつい技術の塊であるとの見方もある。風力発電所として整備されたその配列は、景観上見苦しいとみなされている。さらに、風力発電所の建物は、森林生息地に関連する生物多様性を失うリスクがある地域の一部を破壊する必要がある。社会的には、「場」と地域社会の良識を失うことも意味する。そのため、地元の土地信託組織や自然保護団体が、森林生態系の完全性と美しさを損なうという主張を用いて、このような風力発電所の建設を阻止するために行動することも考えられる。また、風力発電所の建設は持続可能な林業の考え方と矛盾しているという議論もよくある。

しかし、そのような行動の結果を考えてみよう。ウェストバージニア州やケンタッキー州の山頂は、その森林景観でも知られている。これらの森林は広大な石炭の層を覆っている。この石炭は発電に使われている。利便性のために、石炭会社はこれらの森林に覆われた山頂の多くを削って平らにしてしまったのだ。これは、地域の環境におびただしいダメージを与えている。生物多様性や生態系の機能やサービスに大きな影響を与えている。人々は「場」や地域社会の感覚を失っている。環境の質の低下は、人間の健康にも影響を与えている。石炭火力発電から大気中に排出される温室効果ガスは、バーモント州を含むあらゆる場所に影響を与えている。これは持続可能な林業なのだろうか？　ある場所で行われた環境上の決定が、生態系や自然経済、環境の質を破壊することによって、他の場所で人間の健康と福祉に害を与えることは、正しいのだろうか、間違っているのだろうか？

ますます飼い慣らされていく世界は、社会や生態系が空間的に孤立した単位ではなくなってきていることを意味する。それらは、地域の景観を越えて、広大な地球規模の距離を越えてつながっている(東アフリカ沖の工業的漁業や野生動物肉の取引をもう一度思い出そう)。これらは、土地開発、搾取、取引に関する地域的な決定から生じるフィードバックを通じてつながっており、種の相互依存関係、物質や栄養素の流れに影響を与える。「グローバルに考え、ローカルに行動しよう」という言葉は、これまで以上に適切なものとなっている。

人類が世界を飼い慣らしていく中で、地球空間の利用が拡大していくと、その空間が何のために使われるべきなのかを巡って対立が生じることは避けられない。それは、同じような目的を追求する異なる組織による対立を招くこともある。古い化石燃料を燃やす技術に代わる、新しい再生可能エネルギー技術の導入をもう一度考えてみよう。風や太陽からエネルギーを生み出すための理想的な場所は、多くの場合最も貴重で脆弱な生息地や、最も希少で絶滅の危機に瀕している種が生育する場所とほぼ同じ場所にある。メディアでは、地元の小さな保護団体や土地信託組織が、大切にしている種や特別な場所を守ろうとしている利益が、再生可能エネルギー発電で儲けることにしか興味のない巨大企業と対立するという、ダビデとゴライアスのような対立(旧約聖書に登場する、小さなものが巨大な強敵に勇ましく挑むさま)が繰り返し描かれている。これらの相互作用は、しばしば長引く訴訟に終わることが多く、化石燃料エネルギーの長期使用と大気中へのCO_2の長期放出を促進する。逆説的に言えば、懸念される種や生息地が破壊されるのを防ぐために、よりクリーンな新しいエネルギー発生源の設置を防ぐための行動をとることは、気候変動がそれらの種や生息地をまさに破壊するという長期的なリスクを高めることになる。そして、それらの場所における生態系の機能とサービスの持続可能性は、それに伴って悪化する可能性がある。

これまで、共通の原因や目的のために、保全と産業の間で協力関係を築くことが進まなかったのは、批判的な科学が存在しなかったことも一因となっている。しかし、ニュー・エコロジーは必要とされる科学と最新の空間分析ツールを提供し、土地利用のための景観スケールの計画を支援し両立させることができる。生態学者は、種の相互依存関係や生態系の機能を維持しながら、技術を実施する方法を作ることができる。これは、多様な情報を統合し、代替的な社会‐生態的未来を記述し評価するための手法であるシナリオ分析を用いて行われる。シナリオ分析は、不確実性による意思決定の停滞を克服するのに役立つ。シナリオ分析は、人々に何をすべきかを指示するものではない。むしろ、それは意思決定者が、異なる選択からの行動が将来的にどのように展開するかを想像し、比較するのを助ける。それは、異なる選択に関連した長所と短所、つまり利益、損害への補償金や不確実性を理解するのに役立つ。それはその選択が未来の選択肢を狭めるかそれとも柔軟性を維持するか、あるいは環境変化の状態の路を変更したり逆戻りするのに、意思決定者の理解を助けることができる。シナリオ分析は科学的に擁護可能で社会的価値を尊重している最終決定を意思決定者が行えるように、選択を絞り込むのを助けることができる。

テレカップリング――すべてはつながっている

環境スチュワードシップとは、物事には双方向性が必要であるという考え方である。社会的価値観は、地球の限界を尊重し、私たちの選択が持続可能性を促進する結果につながることを保証しなければならない。これは、私たちが有限の惑星に住んでいることを根本的に理解することを意味している。現代の生活と幸福を維持するために不可欠な、多くの生態系サービスのレベルを実現可能な形で維持することを私たち人間が望むならば、地球上の空間は他の生物と共有されなければならない。スチュワードシップ倫理を推進することで、人間は自然が提供する財産を超えない範囲内で生きなければならないという認識を広めることを、生態学者は目指している。景観の利用や生態系の機能・サービスに関する選択を行うための安全な運用空間を特定するために、現代の生態学はその手段を定量化することに専念している。

安全な運用空間の概念は、生態系サービスの生産のための環境パフォーマンスを継続的に改善するためのものである。その概念は、生態系のパフォーマンスと持続可能性を維持するために不可欠な、環境要因のレベルに基づいて境界または限界を判断する。これらには、生物多様性、大気中の温室効果ガス濃度、海洋酸性度、農業生産のための窒素やリンの投入、土地利用の変化、淡水などが含まれる〔ロックストロームによる「惑星限界（プラネタリー・バウンダリー）」の提唱にこれらの要因が示されている〕。これにより人間は、回復力のある生態系機能を維持するための選択肢のポートフォリオを享受し続けることができる。例えば生態学者は、社会がすでに大気中の二酸化炭素濃度３５０ｐｐｍという安全な運用境界を超えてしまったことを心配している。境界線を超えると、現在の世代と将来の世代のための選択肢や機会が失われ始める可能性があるからだ。例えば、海面上昇によって陸地の生活空間がどんどん狭くなっていくことや、干ばつによって耕作可能な土地が減少していくこと、暴風雨によって社会基盤施設の修理に費用がかかることなどである。

また、安全な運用空間の概念は、環境性能に不可欠な要素を単独で考えることができないことを浮き彫りにしている。有限の惑星では、ある変数の変化が他の変数の変化を引き起こす。これらは相互接続されており、互いに作用し合うのだ。

好例として、タラの漁業崩壊の余波で、海洋生物多様性の喪失が海洋酸性化の加速を招いていることが挙げられる。これは、生物学的ポンプ、栄養塩の上昇流の変化と海洋食物網の変化がともに海洋に入る炭素の運命を改変したことで引き起こされる。その結果、炭素は隔離されるために深海に沈降するのではなく、表層水に保持されるようになる。炭素との化学反応によって、表層水はより酸性になるのだ。

別の例もある。米国西部の草原生態系の大部分は、人間によって牛の放牧と作物生産のために利用されており、後者は灌漑用の水に大きく依存している。歴史的には、オオカミやハイイログマのような大型の肉食動物が、この土地を自由に闊歩していたが、やがて彼らは牛を捕食するようになった。このような脅威が人間の生活を脅かしたため、これら大型肉食動物はほとんどの地域で大規模に駆除されることになった。肉食動物の損失は、アメリカアカシカやヘラジカなどの在来草食動物の長期的な増加と関連するようになった。時には、ヘラジカは過採食によって河川近辺の生息地に被害を与えるほどに増加している。ビーバーを含む河川の生息地に依存している種の損失はともかくとして、過採食は河川や河川自体の物理的特性を変化させる可能性がある。植生の喪失は、河川や小川の堤防を不安定化させる。これは、水質を低下させる堤防侵食につながる。そのことが水位を下げ、水流の強度と量を低下させ、河川や小川の流路を変化させる。これは、まさに穀類の灌漑に必要とされる水そのものへの影響である。それ以上に、捕食者を復活させても、被害を回復させ、河川の生態系機能を回復させることはできないかもしれない。なぜなら、水位や水の流れを回復させるには、ビーバーが川を堰き止める必要があるからだ。しかし、ビーバーを復活させても十分ではないかもしれない。ビーバーがダムを建設するための材料として必要な木本植物の生産量が不足しているのだ。上位捕食者を排除すると、河川システムは回復力を失い、別の状態に止まってしまう可能性がある。ある農業経済の脅威を軽減するために重要な捕食者を排除することは、別の農業経済の持続可能性を脅かし、その選択肢を奪う危険性があるのだ。

安全な運用空間を決定する変数は、さらに大きな空間スケールで連結する。合成窒素肥料を製造する工業過程の開発は、農業に革命をもたらした。安価な窒素肥料の豊富な供給に助けられた農業政策と財政的動機により、米国南西部のような場所では、穀物や穀物農業が何倍にも拡大することができた。1950年から1990年までの40年間で、大豆の収量は5倍、トウモロコシの収量は2倍になった。また、農業生産に特化した土地利用も5倍に拡大している。

この農業地帯は、北極圏の沿岸部にある夏の繁殖地から毎年移動してくるスノーグースの越冬地でもある。スノーグースの個体数はこれによって非常に増加することとなった。収穫後に残った切株や米、トウモロコシ、小麦の穀粒から栄養を補給することで、スノーグースは個体数を補い、冬の生存率を高めている。この40年の間に、スノーグースの数は4倍から6倍に増加したのである。これはスノーグースの数が夏場の繁殖地の許容能力を超え始めたことを意味している。現在では、北極圏のスゲや草原の大部分が過採食され、植物の多様性が失われている。他に食べるものがほとんどないため、彼らは永久凍土地帯の土壌中の植物の根まで食べるようになった。その結果、永久凍土の融解により、土壌の状態、微生物の機能、栄養分の循環が変化した。その影響の大きさは、宇宙から撮影された衛星画像でも確認できるほどである。

これは、ある場所での土地利用の変化や窒素循環の変化を促す政策や決定が、他の遠隔地の生態系機能に影響を与えていることを示している。この場合、広大な距離を隔てた人間の環境の運命が、渡りを行う動物への影響によってつながっているのだ。

地域の社会‐生態システムの運命は、他の活動によって広大な距離を越えて結ばれることがある。ヨーロッパから送り込まれた工業漁船団がアフリカで野生動物の狩猟を引き起こす。北アフリカの砂漠化は、毎年数億トンの塵が風に運ばれて大西洋を横断する原因となっている。それはカリブ海に沈着し、珊瑚礁の圧迫、人間の呼吸器系の病気、そして土壌肥沃度の損失につながる。受け入れ先での原材料や製造品の需要に起因する国際貿易は、それらが採掘または製造されている場所での環境の質と持続可能性に影響を与えるのだ。生態学者は、このような長距離のつながりをテレカップリングと呼んでいる。

テレカップリングの概念は、食物網の相互依存性の概念を広大な空間スケールにまで拡張する。それは、ローカルに行動するときにグローバルな思考を働かせるのに役立つシナリオ分析の一形態である。例が示すように、それはグローバルな経路の追跡とローカルな社会‐生態学的文脈の中で起こる意思決定が、潜在的に及ぼす影響を追跡するのに役立つ。また、環境変化の原因を特定するのにも役立つ。また、ある場所での異なる選択が、他の場所の生態系や、そこに依存していた遠く離れた社会の生態系に害を及ぼす可能性があるかどうかの理解を助けることで、意思決定を明確にすることができる。つまりこれはスチュワードシップの倫理なのだ。

テレカップリングは、すべてのものが本当にすべてにつながっていることを思い出させてくれる。これらは、生態系の境界を越えた商取引や貿易の経路なのだ。これらは、生態系や社会システムの動態、激しさを高めている。また、それらはフィードバックを伝播させる経路でもある。例えば、農業からの余剰食品の貿易は、異なる地域を世界的に結びつけることができる。特に、供給元の地域の生産性が高く、受け入れ地域の農業生産性が低い場合には、供給元の地域は受け入れ地域の社会の健康と幸福を向上させることができる。しかし、供給元地域の人々は、エネルギー供給の安全性を高めたいという願望に応えて、突然余剰生産の大部分を輸出から国内のバイオ燃料生産へと再配分することを選択するかもしれない。これが受け入れ側の社会にフィードバックされ、受け入れ側の社会は、人々の自給自足の強い要求を受けて、地域の土地利用や水の消費量を再配分することになる。地球上の空間は有限であるため、エネルギー安全保障を高める行動は、接続された地域の社会–生態システムの食料安全保障の低下を促進する可能性がある。環境スチュワードシップ倫理は、自然との関わりを通して地球上の社会の運命を決定するテレカップリングの重要性を重視している。それは、ある地域での決定が他の地域の社会–生態システムの運命にどのような影響を与えるかに配慮するよう促すのだ。

修復への展望

前章で述べた持続可能な未来への絶望は、人間が自然と関わることで生態系が劣化してしまうのではないかという懸念に由来している。地球上の空間が有限であることは、劣化した場所から離れて、劣化していない場所からの搾取をする機会が増すことを意味する。しかし、ニュー・エコロジーは、自然を回復させ、再生させるための原理と方法を開発することで、重要な進歩も遂げている。統合された環境科学と実践のために、自然修復はレオポルドの医学的比喩を実行できる。自然修復は、劣化した生態系を元の機能に戻すための科学的な技術情報と手段を提供するものである。自然修復は、生態系が時間をかけて自らを組み立てる方法を科学的に理解することで、自然の過程を利用したりその過程を促進するための管理方法を開発するのだ。

世界中の生態系は、一次遷移の自然な発展過程、あるいは二次遷移の自然な復元過程に由来している。一次遷移とは、溶岩流や氷河の跡のような不毛の地に種が定着し、それが積み重なっていくことで自然の経済を形成することだ。二次遷移は、火災や洪水のような大規模な攪乱によってその地域が破壊された後に、攪乱以前は種が占有していた土地で起きる。生態系の遷移の形跡が広範囲に広がっていることは、自然の過程が人の助けを借りずに生態系を再構築する力を持っていることを示している。生態系の修復は、この自然の能力を利用して生態系を元の自然な状態に戻す管理介入を導入することで、長期的な問題の影響を逆転させようとすることである。復元生態学の展望は、急増する人類のための環境サービスの提供と環境保護の均衡をとるために、管理の選択肢の道具一式を提供できるようにすることにある。

しかし、もし生態系が回復するとしても、回復するまでに数百年から数千年かかるだろうという考えがくすぶる。確かに、回復力(レジリエンス)は、人間が生態系を代替的で望ましくない生態系の状態に移行させてしまう可能性を示唆している。そして実際、そのような状態変化の例をいくつか提示してきた。しかし、新たな科学的証拠が示すように、人間が生態系を酷使したり傷つけたりした場合、代替不可能な状態への移行は高い可能性で起きるわけではないことがわかっている。

人為的に引き起こされた攪乱の後、自然に放置された場合と管理された場合の生態系の回復を観察してきた400以上の査読付き研究から証拠が集められており、生態系がどのように元に戻るかを比較している。攪乱が農業、森林破壊、水域の栄養汚染、侵略的外来種、伐採、採掘、石油流出、乱獲、底引き網漁、または複数の攪乱の相互作用によるものであるかどうかにかかわらず、ほとんどの場合、回復は人間が生きている間に起こり得る。これは、淡水湖、川、湿地帯、河口、海洋、森林、草原など、世界中の熱帯・温帯地域の生態系にも当てはまる。これらの研究のうち、生態系が回復不可能な状態に反転したことを示唆しているのは、ごく一部の研究のみである。おそらく、人間がこれらの生態系の大部分を安全な運用境界線を超えてまで追い込んでいないために、回復の証拠が広く存在しているのだろう。生態学の重要な目標は、これらの境界線をよりよく、より正確に測定することである。

その間、人類は要求を満たすために積極的に自然を飼い慣らし続ける。復元生態学は、持続可能性を無視して生態系を利用することを許可するものではない。しかし、最高の持続可能な実践であっても、予期せぬ結果や損害は偶発的に起こる可能性があり、しかもその可能性は高いのである。復元生態学は、生態学者がその被害を修復するための装備を備えているということを教えてくれる。多くの生態系は回復可能であり、それは急速に進むこともあり、人類が自然との関わりの中でより謙虚になるための多くの機会を与えてくれるだろう。

第7章　人間による人間のための生態学

何と何を秤にかけるか

電子機器のボタンを押すと、直ぐに電源が入り、鮮やかな色の画像が表示される。電子機器が文書の送信、電子メール送信、またウェブ検索やダウンロードなどの通信に使用されており、即座に応答があることが当たり前になっている。このような速度と機能は、技術の進歩により電気機器の処理能力が2年ごとに約2倍になったために実現した(ムーアの法則と呼ばれる)。これらの進歩は、より速く、より多くの機能とより広いネットワークを持つ新製品を消費者に提供するための、企業による熾烈な競争を作り出してきた。

このメモリー容量の増加は、用いる鉱物の種類を増やすことで実現した。1980年代にコンピュータチップが開発された当時は、周期表の主要11元素を使用していただけだった。現在のコンピュータチップは、周期表の3分の2に相当する約60種類の元素を使用している。広く使われているヘッドフォンの発明は、その中の磁石がネオジム(Nd)と呼ばれる希土類(レアアース)から作られるようになり、可能になったのだ。この元素は、非常に小さな量でも大きな音を生み出すことができる。このネオジムをはじめ、ランタン(La)やジスプロシウム(Dy)などのレアアースの使用は、グリーンテクノロジーや医療技術の分野でも注目されている。風力タービン、太陽電池、ハイブリッド自動車用のバッテリーやエンジンなど、再生可能エネルギーによる未来の鍵となる部品は、これらなしでは製造できない。医療画像の進歩は、ガドリニウム(Gd)のような元素に特有なバンドギャップによってもたらされた〔結晶のバンド構造において電子が存在できない領域のことで、半導体素子技術で利用される〕。

手に入りにくいものが多いことを除けば、レアアースを用いて実現できることには限りがないようだ。これらの元素は、世界各地に偏在しており、ごく一部の国で発見された地層の中に存在している。また、どの製品にも、どちらか一方に特化した需要がある。これらの元素は、純粋な鉱脈の中に単独で存在することはほとんどない。これらは通常、他の多くのレアアースや他の元素と混合している。鉱業では、これらの元素を少量抽出するためだけに、大量の岩石を掘削しなければならないことが多く、巨大なクレーターを形成する露天掘りを使用することが多い。さらにこれらの元素は、水、化学薬品、あるいは環境に危険を及ぼす可能性のある抽出過程を使用して、周囲の岩石から分離する必要がある。少数の元素は製品製造にまわされ、残りの使用不可能な元素や使用量の少ない元素は副産物として備蓄される。

ここでの問題は、現在の技術では、需要のある元素のどれもが完全にお互いの代わりにはならないということだ。最新の機器を持ちたいという私たちの欲望は、だからこそ環境に対して責任と倫理的義務を負うことになる。私たちの技術的な要求は、やがて周期表全体の元素の需要を生み出し地球環境に影響を及ぼすことになろう。ブリストル湾の例が示すように、元素の抽出過程がもたらす、環境への直接的な悪影響と私たちはかけ離れて暮らしているため、この問題はしばしば見過ごされている。人間と自然を社会‐生態システムとして一まとまりと見なし、考えるということは、技術が製造・使用されている場所と、重要な元素を物理的に提供している場所との間に、ますます大きくなっている不可分のつながりを理解することを意味している。これは、テレカップリングの痛烈な例である。

現代の技術で使用されている重要な元素の多くは、ブリストル湾地域のような原生地域の地層に存在している。このような非常に価値の高い、手つかずの自然のままの地域での採掘の決定には、しばしば厳しい抗議が寄せられる。鉱山開発を阻止するための行動は、地球上の手つかずの原生地域の最後の名残を保存するという明確な根拠に基づいている。このような一点張りの行動の倫理的価値は高いとされてきたが、その倫理性は、テレカップリングの世界で再評価されなければならないだろう。地質堆積物は世界的に見ても同じように希少なものである。大切な原生地域での採掘を止めることを考えた場合、世界的な影響を考慮しなければならない。

世界の他のどのような大切な原生地域で採掘が行われるのだろうか？　人間の健康と生活にどのような環境被害とそれに伴うコストが、世界のどの地域に波及するのだろうか？

原生自然の保全と採掘の間の大規模な政治的綱引きは、間違った規模で問題に対処している。現代の電気技術に依存し、グリーン技術の開発を奨励している人は誰でも――環境保護主義者でも技術者でも――世界のどの場所であっても採掘から生じる地球環境への影響に共通のつながりを持っている。環境スチュワードシップの倫理的立場とは、ある場所で自然を保護し、世界の他の地域で資源の採掘を行うことが正しいことなのかどうかを、まず問いかけるべきだというものである。あるいは、地球上の他の場所で損害を与えたくないのであれば、現代技術の恩恵を見送ることも厭わないのではないだろうか？　手つかずの自然のままの原生地域の存在に雇用を依存している地域住民（エコツーリズムなど）や、資源採取産業で働く機会を得ている他の住民の生計が、知らず知らずのうちに天秤にかけられていることがよくある。技術と元素採掘の間の繋がりは、地球規模の繋がりとして特に明確な例である。供給が限られた原材料を持つ有限の世界で、現代社会が持続可能性を達成しようとするならば、このことは明示的に対処し克服しなければならず、倫理的・社会的な難問を生み出す。

ニュー・エコロジーからの洞察は、この私たちが直面している問題にどう対処すべきかを再考するための教訓を示す。具体的には、産業環境管理と工学の分野では、技術の設計、製造、展開の方法に変化を促すために、生態学的な原理を利用する例が増えている。産業生態学として知られるこの新しい分野は、廃棄物、汚染、資源搾取に伴う環境負荷を最小化した製造業における経済システムを設計することによって、循環型経済の創出を支援する工学研究と実践を推進している。循環型経済は、栄養素や物質が産業から自然界に安全に移動し、工業生産システム内で金属を再循環させることで環境への有害性を確実に低減させる。このようにして、産業生態学は、社会と関連した生態系の機能を維持するための能力を高める。機会を逃さずしかも被害のリスクを最小化することを目標にする産業生態学は、多くの点で、環境のためのもう一つの予防医学とみなすことができるのだ。

産業生態学――オープンシステムを超える

産業生態学は、社会が過去の技術基盤の上に構築され、新しい技術を進歩させているという単純な事実から始まる。それは、社会が技術に頼らずに自己を維持したり、向上させたりすることはできないことを示している。産業生態学は、自然の生態系がどのように機能するかを社会が見ることによって、材料とエネルギーの持続可能かつ効率的な使用について、そこから示唆を得ることができ、学ぶことができるのだと提案している。基本的には、産業と社会が、生産者、消費者、分解者の連鎖を含む循環型経済の不可欠な役者であることを新しく定義することを意味するのだ。

この見解は、現代の慣習からの大きな逸脱を表している。ほとんどの工業製造業は線形、または一方通行の経済の理論的枠組みの下で効率的に機能している。ここでは、原材料は自然から抽出され、付加価値のある商品に加工され、市場で消費者に販売され、耐用年数を超えたら廃棄される。生態学の言葉では、これをオープンシステムと呼ぶ。オープンシステムは、原材料とエネルギーが無制限に供給される限りにおいてのみ持続可能である。この条件は、再生不可能な材料やエネルギーに依存しているシステム(例えば、化石燃料や鉱物元素など)では満たされない。これを認識することが、持続可能な技術を促進する方法を見つけるために特に重要である。

現在の社会は、技術革新により、供給が限られている資源(材料やエネルギー)の利用効率が向上することによって、持続可能性を大きく推進させている。これは、化石燃料を使用する自動車の燃費向上や、製造時の原材料の無駄を最小限に抑えることで達成される。そうすることで、限りある資源の寿命を延ばすことができる。しかし、効率だけに頼っていては、いずれ枯渇してしまうのだ。

目的の資源の供給が減少すると、次の限られた資源に順次移行することを検討するかもしれない。しかし、現代の技術で代替できたとしても、それも長期的には維持できないだろう。資源利用の効率化や限られた資源の代替は、その場しのぎの対策にすぎない。それらは、社会が代替的で持続可能な手法に移行するための時間を稼ぐものである。ここで疑問が生じる。有限の資源に依存するシステムにおいて、持続可能性の要件は何か？　産業生態学は、何が生態系を維持するのかを見ることによって、この問題に取り組んでいる。

限られた資源に依存している生態系――自然界における経済――は、それが閉鎖したシステムになると持続可能になる。システムは、フィードバックによって閉鎖的になることができるのだ。

基本的なレベルでは、供給が限られている使用済みの材料や未使用の材料はすべて、将来の生産を支える利用可能な資源のストックに戻されなければならない。材料の循環には分解の担い手が必要である。元素循環を駆動する分解者は、廃棄物をその構成要素に分解し、新たな生産に再利用する。

社会はこの概念をよく知っており、リサイクルと呼ばれている。あらゆる製品をリサイクルボックスなどに入れることで、社会は積極的にリサイクルへ参加している。それが当たり前になり、環境への貢献として理解されるようになった。繰り返しになるが、これは倫理的にも高い価値のある状態である。しかし、製品をリサイクル・ボックスに入れただけでは、物質循環が起こるとは限らないということは、あまり理解されていないかもしれない。これは、経済的な状況、新しい資源の採取と比較したリサイクルの費用と便益に大きく依存しているのだ。しかしさらに重要なことは、資源採取による環境へのダメージを考慮に入れ、リサイクルプロセス自体を強化して費用対効果を高めることができれば、経済は変わるかもしれないということである。

将来の需要に合わせて材料をリサイクルすることは、分解の担い手が材料を分解する能力と速度に直接依存する。しかし、多くの電化製品は、日常的には簡単に分解できるような構造になっていない。その結果、分解するためのコストが高くなり、それによってリサイクルの経済的実現性が損なわれてしまう。多くの場合、それらは単に廃棄物として放置され、膨大な山に集められ、その多くは有毒である可能性がある。この慣行は土地の空間を食い尽くし、それによって人間の健康と生計を維持する生態系サービス、すなわち清流の維持、食料生産、清浄な大気を損なう可能性がある。

鉱業の停止を望む環境志向のグループは、分解の効率化を提唱するのが良いのかもしれない。突き詰めて考えると、リサイクルを後回しにしてはいけないということだ。製品は、リサイクルの意図を持って開発・製造されなければならない。したがって、製品の製造者も、採掘による環境被害を最小限に抑えることを目的とした提唱活動の対象であり、採掘者だけが対象ではないのだ。

技術の進歩を促進できる持続可能な循環型経済を支えるために、あるいは材料を使用する過程を改良することにおいて、産業生態学から重要な洞察が得られる。それは、ある製品が製造される前に、その製品の全寿命を考慮することによって、先を見越した計画を立てることである。このような製品の設計と製造は、製品の構想段階から始めなければならない。

このような評価は、シナリオ分析を行い、異なる材料や異なる製造過程を使用した場合の長所と短所（効率性、財務的・環境的コスト）を加重評価することになる。これにより、新製品は使用中の耐久性を考慮して設計されることとなる。さらに、製品が廃棄される際には、その製品を効率的にパーツに分解することを可能にしなければならない。これは、鉱業からの環境被害を最小化するのに役立ち、産業廃棄物や埋立地の残渣からの環境被害を最小限に抑えるだろう。

また、生態学の原理は、生産と消費の過程を微調整することで、資源が限られた閉鎖的なシステムを通じてエネルギーと材料の流量とリサイクルを最大化すること、すなわち持続可能な経済活動を最大化することができることを教えてくれている。リサイクル率は、限られた資源がどれだけ利用できるか、また、社会の中で資源が生産者、消費者、分解者の間でどのように分配されるかに依存する。経済的に実現可能な生産品を作るのに十分な供給がない場合、生産者は生産し続けることができない。材料供給の増加によって信頼性の高い製品に消費者が引き付けられるので、生産が経済的に実現可能になる。消費者と生産者はともに経済的に存続することができる。しかし、消費者は、新製品に含まれる材料を廃棄するのではなく、新製品に含まれる材料を保持することで、限られた資源の流れを減らすことができる。つまり、使用中の材料の寿命を延ばすのである。新しい製品が生産されることで、消費者は古い製品を捨て、新しい製品を消費するようになる。しかし、消費者がリサイクルするよりも早く製品を購入してしまうと、材料が製品の中に残ったままになってしまい、経済は再び減速することになる。材料の寿命が長くなりすぎてしまうのだ。言い換えれば、循環型経済のどこかに、材料の流れとそれに関連した金融活動を最適化できるポイントがあるということだ。この最適な間隔を見つけることで、システム内の材料の流れが非常に大きくなり、漏れや非効率によるシステムへの流入や流出が非常に小さくなることを担保する。

産業生態学は、人間が構築した別々のシステム内およびシステム間での元素の分布を分析するために、生態学から触発された手法を取っている。このような分析では、ローカルからグローバルなスケールに至るまで元素のストックとフローを計算する。分析には、農業に使用される窒素やリン、製造業に使用される銅、アルミニウム、亜鉛、ニッケル(Ni)といった金属などの元素が含まれる。このような手法は、現代の技術的進歩を促進するのに役立つ希少鉱物の一部を含むようになりつつある。ただ、現在の理解はせいぜい初歩的なものだ。これまでのところ、産業生態学者が完全に追跡できるのは、周期表103元素のうち地球規模では30元素、地球上のさまざまな小地域、国、または地域内で45元素にすぎない。

ニッケルを事例として分析を行うことで、どこで重要な利益や改善が得られるかがすでに明らかになっている。例えばニッケルの場合、採掘から使用段階に至るまでの流れは大規模だ。これは、損失を小さく抑えるために、一回の加工や製錬が非常に効率的になっているからだ。だが、廃棄されるニッケルは使用されるニッケルの半分以下である。しかし、その一方で、製品になるニッケルのうち、廃棄品のリサイクルは30%にすぎない。廃棄されたニッケルのほぼ50%は、埋め立て地に捨てられたり、一般的な鉄廃棄物として保管されている。残りの20%は不明だが、環境への漏洩として失われている可能性がある。このような分析によると、投入段階での改善(採掘の抽出と加工)は、最小限の利益にしかつながらないことがわかる。製造された製品からニッケルを効率的に回収し、製造に戻す手段を工夫することで、より大きな利益を得ることができるかもしれないのだ。

また、これらの分析から、既存の技術や使用済みの技術、人間が構築した都市基盤施設などには、さまざまな要素が絡み合った宝の山があることが明らかになった。その多くはフローの中にないのだ。さらに、現在の状況では、取り出された元素貯蓄のほとんどは蓄積されたままにすぎない。そうなると、将来の鉱山は荒野ではなく、古い建物や都市基盤施設、埋立地などの都市部になるかもしれないのだ。

循環経済の中で最適な元素の流れを実現することは、抑制された消費に依存する。また、新たな生産のための廃棄物のリサイクル率にも依存している。分解が不十分であれば、新製品の生産量が減ることと、消費者が材料を長期間保有することになるという二つの理由から、経済は減速する。言い換えれば、最終的に技術経済を支えているのは消費(消費主義)ではなく分解(リサイクル)である。また、持続可能な経済は、システムの重要な構成要素である生産者、消費者、分解者の間の相互接続を確保し、それらの間の物質やエネルギーの流れが損なわれないようにすることで成り立つという、第5章で示された考え方を補強するものでもある。そして、製造された製品は、システム全体の循環と技術革新を持続させるための配当となるのである。

生態学的原理、特に食物網ネットワークの考え方は、産業施設の構造と機能を再考するのにも役立つ。基本的に工場は、未精製の材料の投入と最終製品の出力を含む生産システムである。その間に、材料は精製され、製品を構築するために使用される部品に変換される。そのような材料の処理は、財政的にも環境的にもコストのかかる残留物を生み出し、固体、液体、気体の廃棄物として土地、空気、水に放出されたり、熱として放出されたりする。その解決策は、産業を食物網のような完全に統合されたネットワークに構成することである。この技術革新は、ある生物の廃棄物が他の生物の資源であるという自然からの教訓を取り入れている。産業ネットワークでは、産業施設のグループが集合的に生態系（産業エコシステム）となり、メンバーが廃棄物やエネルギーを相互に取引することで、産業生態系が構築される。

そのような可能性の一例がデンマークに見られる。電力会社、製薬工場、壁板製造者、製油所など、全く異なる施設が、蒸気、ガス、冷却水、石膏残渣などを相互に交換して利用している。その他、硫黄、灰、汚泥などの残渣は、ネットワークの外に排出される。これらの残渣は、硫酸やセメント製造、農作業などに売却され、他の場所で利用されている。

この産業生態系は、全体が参加者自身の主導権と交渉から生まれるという意味で、自己組織化されたものとも考えられる。それは、政治的にも法的にも義務づけられた行動を必要としない。このような創発的な構造は、ネットワークが柔軟に変化することを可能にしていると考えられる。参加者の経済的な資産が変化したときにはいつでも、異なる相手が既存の相手や新しい相手とのつながりを構築したり、繋がりを解消して別の繋がりを創造したりできるようにすることで、創造性と技術革新が促進されるのである。このように、産業生態系は自己組織化されているだけでなく、適応能力を持っている。

産業生態系は、自然生態系のように自己完結型のシステムではない。産業生態系は、その境界を越えて物質やエネルギーを交換する可能性が高い。しかし、自然生態系間で交換される物質の結びつきは、通常それほど大きな距離ではない。例外は、ある生態系からの物質が、動物の移動によってあるいは風や海流によって、別の遠隔地の生態系に到達した場合に発生する。産業生態系は、地球全体を横断するとても多くのテレカップリングによって連結されているため、自然生態系とはかなり異なっている。これは、原材料、最終製品、そしてその間のあらゆる方法でのグローバルな貿易から来ている。

このようなグローバルな規模の交換は、必ずしも資源の取引がある場所から別の場所への資源の直接的物理的な移動を伴うことはない。それは、仮想資源の取引を伴う可能性があるのだ。仮想資源という概念は、取引される製品の抽出や製造に使用されるが、取引される製品には含まれていない資源として特徴づけられる。例えば、鉱業や工業生産に使用される、水のような資源が不足しているために自社製品を製造できない国でも、製造を支えるために十分な水を持っている国との取引によって利益を得ることができるかもしれない。この場合、水は製品に含まれていないため、直接取引されない。それは、製品を作るために使用されるので、仮想的な資源である。仮想資源の概念は、さまざまな製品を作るために必要なすべての資源の完全かつ明確な会計を提供するのに役立つ。ある場所での製造品の需要が、別の場所での環境と人間生活にどのような歪みを生じさせているかを明らかにすることにより、このような会計はテレカップリングされた世界での環境スチュワードシップを強化することができる。

産業生態学も今、進化生物学とレジリエンス(回復力)の原理を使って試行錯誤している。進化する能力は、材料がどのように加工され、交換されるかの革新にかかっている。このような能力は、変化しやすい人間の要求や欲望、経済的衝撃に直面した際に回復力を構築するのに役立つ。回復能力は、システムへの衝撃の影響に抵抗する能力、または衝撃が和らいだ後通常の機能を再開するために迅速に回復する能力にかかっている。回復力はまた、システムが代替状態に抵抗することができるという考えを体現している。したがって、回復力の高いシステムとは、外乱に対して機敏かつ適応的に反応することで、代替状態への移行を回避するシステムでもある。

しかし、産業施設や産業生態系を弾力性のあるものにすることには賛否両論ある。それは、あるシステムを特定の状態にとどめておきたいのか、より望ましい代替案に切り替えたいのかにかかっている。

レジリエンスは、そのような変化が決定的に必要とされるときに、変化に対する多くの抵抗を引き起こす可能性がある。例えば、現代社会は、化石燃料由来のエネルギーに大きく支えられた生産経済の中に閉じ込められている。さらに、新興の技術社会は、増え続ける化石燃料の供給を、より効果的に抽出する方法に投資することで、この化石燃料主導の状態の中に留まりがちになる。代替案は、清浄で再生可能なエネルギー技術への移行によって、新たなスタートを切ることである。しかし、再生可能エネルギーの状態に革新して進化する社会的・経済的な意志や能力がないことが、既存の化石燃料の状態を非常に回復力の高いものにしているのである。

あるいは、システムは、単にシステム内の役者が十分に速く変化することができないため、進化する意志や必要性にもかかわらず望ましくない状態に固定されることがある。北米の自動車産業がその明確な例である。この業界は、燃料消費量の多い大型車を製造することにほぼ特化していた。急激な燃料価格の高騰に直面し、燃費の良い車や代替エネルギー（ハイブリッド車）を使用する車に対する、消費者の需要の急激な変化に適応する能力が乏しかったのである。その結果、他の選択肢を提供する海外の競合他社に負けて、業界は崩壊しやすくなった。つまり、北米自動車メーカーには、この望ましくない状態を克服するための進化能力、つまり消費者が選択できる車種の多様性が欠けていたのである。あまりにも専門化されすぎて脆くなったことで、この業界は、現在の望ましくない状態を強化し、そこから脱出するための適応能力を失うことで、自らを窮地に追い込んだのである。適応能力の構築は、異なる経済情勢の出現を見越して、迅速に実施できる新製品の技術革新を安定して持つことを含むかもしれない。あるいは、製品や製造過程を革新し、それらの新しい技術革新を迅速に実行するための設計チームの能力も含まれるかもしれない。

望ましい持続可能な状態を維持または移行する上での課題は、将来の状況に関する不確実性が、どのような戦略や過程を維持するかの決定を困難にすることだ。しかし進化生態学的な観点から見ると、成功のための戦略とは技術革新と迅速な創造の能力を常に維持することである。この能力は、階層構造の中のいくつかの階層のシステムに組み込むことができる。突然の、小さい衝撃は製造業者の日常業務内の調節を加速させることによって収めることができるかもしれない。これは、材料やエネルギー価格の小さな上昇に直面しても、生産の流れの効率を微調整する能力を維持することで実現する。特定の材料やエネルギー源の不足などの中程度の衝撃は、製品の製造方法を変える戦略的な取り組みを必要とする場合がある。根本的に異なる種類の製品に対する需要増大のような大きな衝撃は、特定の状態を完全に崩壊させ、産業の運営方法を全面的に変更する必要があるかもしれない。この「破壊」は新たな創造の機会を提供する。それは、製品を製造するための全く新しい方法を提供することで、最終的に開発される新製品の能力を選択することを介して進化的変化につなげることができる。私たちは、常に技術とそれを生産する企業の急速な変化を通して、これを見てきた。ＶＴＲからＤＶＤ、ポッドテクノロジー、オンラインストリーミングへの家庭用映像視聴機器の急速な変化は、その一例にすぎない。それはまた、企業戦略の大規模な変化を意味することもある。例えば、脆弱な信頼関係の上に構築された協調的で協力的な相互作用において捏造を行うと、それによって産業生態系の中に強烈に個人主義的な企業や競合他社を組織してしまうかもしれない。

ここでの焦点は、回復力のあるシステムを作るための努力が、人間の福利と環境の健康という持続可能性の目標を達成するための社会的・環境的に責任のある行動として見られているということである。レジリエンスとオルタナティブステイトの概念は、産業システムに適用される場合、これらには直観的ではない負の側面があることを教えてくれる。ニュー・エコロジーは、人間が未知のものを恐れ、健康や経済的な幸福が損なわれる可能性を恐れて既存のシステムにしがみつこうとすると、社会-生態システムを持続不可能な望ましくない状態に閉じ込めてしまう可能性があることを教えている。

都市計画の転換

大都市圏が将来の地雷になるかもしれないという考えは、世界の地政学の転換点であった。都市化された地域とは、人間が密集しており、居住や作業のための建物や交通のための都市基盤施設のような、人間が建設した建物であふれた地域のことである。都市は、人間が小さな面積に非常に高密度に詰め込まれている極端な状態である。

世界の人口が約10億人だった1800年代初頭には、人口が100万人を超えた都市は北京の一つだけだった〔江戸も100万都市であった〕。その1世紀後には、100万人以上の人口を擁する都市は世界で16都市だった。現在その数は200で〔実際には200を超えている〕、20

２５年には６００になると予測されている。さらに、世界の人口の50％以上が、分散して暮らさずに都市に集中していることは、歴史上初めてのことである。人口学者や地理学者は、２１００年までに、世界の人口のうち都市に居住する割合が70～90％に達すると予想している。しかし驚くべきことに、現在都市は利用可能な土地面積のわずか１～２％を占めているにすぎない。将来的にも、それ以上の面積を占めることはないかもしれない。

ある意味では、地球規模の人口の再分配と集中が、より少ない土地空間への人口集中をもたらしていることは、原生地域にとっての恩恵ではないかと主張したくなるのではないだろうか？　将来的には、自然を守るための大きな可能性を秘めているのではないだろうか？　実際には、人間と自然の分断の克服を心配する必要はないのではないだろうか？　しかしそうではない。

問題の一部は、これらの地域では未だに人口が増え続けていることだ。都市への移民の流入や都市内での出生は、都市の人口規模を膨らませる。このような人口増加は資源需要を増幅させた。しかし、都市インフラへの土地空間の再配置が進み、都市内での資源生産や抽出（食料、エネルギーなど）の見込みは少なくなってきている。根本的なレベルでは、都市部、つまり都市システムはオープンシステムとして設計され、開発されている。これは、都市が持続不可能なシステムになることを意味している。しかしニュー・エコロジーは、都市化の傾向が強まる中で、人間が構築した環境が不安定なものにならないようにするための手引きを提供することができる。

現在、都市はその資源の大部分を都市の外から引き出している。また都市は、住宅や産業活動に利用可能な木材のうち70％を利用している。世界の740の大都市における水産物の需要は、大陸棚、沿岸、湧昇流域からの水産物生産量の25％を占めている。

これらの資源消費は、都市内部での活動を活性化させ、人類を貧困から救うことに貢献している。世界の国内総生産（GDP）の90％を都市が担っている。その結果、都市部の人間は農村部の人間よりも裕福になる傾向がある。これが食生活の変化につながり、肉の消費量が増え、最新の製造品や技術への需要を高めることになる。このように、都市化が進む人間社会は、鉱物元素や木質繊維、食料などの資源への需要を高め続けている。そのため、原生地域や都市化の進んでいない農村地域への資源の需要は、今後も弱まることはないだろう。むしろ、その需要は増大する可能性がある。現在の傾向を考えると、都市部の資源需要を支えるために必要な面積を4倍に増やす必要があると推定されている。そして、現在の資源と製造品の貿易の流れを考えれば、資源の要求は地球全体に及ぶことになるだろう。

都市も大きな排出をしている。世界の大気中への炭素排出量の70％は、製造、暖房、照明、輸送のためのエネルギーの生成と使用に由来している。また、世界の都市は毎年12億トンの固形廃棄物を排出している。この質量は、最大の外航コンテナ船(アメリカンフットボール場4面分の大きさ)が満杯になったときの約3500隻分に相当する。現在の傾向が続けば、廃棄物の発生量は2100年までに3倍になると予想されている。

しかし、現在のトレンドが継続される必要はない。閉じたループで持続可能な産業過程を開発するために工学の原理を再発明することができれば、同じ原理をスケールアップしてループを閉じ、持続可能な都市や都市システムを生み出すことができるに違いない。都市生態学の新興分野は、生態学の原則を適用して、都市計画の方向転換を助けている。

都市生態学は、建築物や公共基盤施設の開発パターン、資源や物質の流れ、環境への影響などを、空間や時間を超えて研究する。本質的には、産業生態学で使用される材料やエネルギーの流れのシステム基盤の分析を含むが、より大きな空間に拡大されている。また、言うまでもなく、人間の社会経済的・地政学が、材料やエネルギーのストックやフローにどのような影響を与えるかにも関心を持っている。しかし、それだけではない。都市生態学は、生態系の機能を維持・回復させるために、生物多様性の保全と社会経済的・政治的な考慮事項を整合させようとするものである。その目的は、都市がより自立的になるようにデザインすることである。

また、都市生態学は自然の要素を取り入れて、都市の範囲内で活動する生態系機能から環境サービスを向上させる方法を考案している。これは確かに、都市の人口増加を支えている。しかし、それは同時に、都市の範囲外の場所にかかる需要や圧力を軽減するのにも役立つ。都市の流域と緑地(第3章参照)は、都市の生物多様性を促進するための都市計画の一例であり、費用対効果の良い方法で環境の質を維持しながら、都市の外で生活する人々への害を減少させることができる。このように、それは環境スチュワードシップの倫理に基づくものであり、人間が環境との相互関係を通じて媒介される、互いのそして人間以外の生物に対する倫理的義務を果たすのを助けるものである。

バイオスフィア2と同様に、都市部はさまざまな種類の生態系をモザイク状に含む効果的な工学が施された場所である。これらには、並木道、芝生や公園、都市の森、耕作地などの人工的な生態系が含まれている。しかし、バイオスフィア2とは異なり、これらの生態系は湿地、湖沼、海、小川などの自然の生態系と混ざり合っており、それによって補完されている。これらの生態系タイプが混在することで、多くの環境サービスを提供できる可能性を秘めている。提供される環境サービスには、空気ろ過、雨水排水、下水処理などがある。

都会の樹木を例にとろう。都市の樹木による空気ろ過サービスは、オゾン、窒素、二酸化硫黄などの汚染物質や微粒子を除去するのに役立つかもしれない。樹木は、遮光によって都市部を冷やすという付加的な利点も提供する。このサービスは、舗装された道路のような都市基盤施設の寿命を延ばすことにつながる。また、通常は建物の冷却に使われるエネルギーを節約するのにも役立つ。これにより、エネルギー生成に伴う温室効果ガスや粒子状の大気汚染物質の排出量を削減することができる。根を張った樹木は、雨水がコンクリートやアスファルトのような不透水性の表面を横切って流出するのではなく土壌に浸透し、雨水が都市の排水システムや水路に氾濫することなく、都市の道路から汚染物質を運ぶのを助ける。これは、都市部の流域の水質を保護するのに役立つ。都市部の規模にもよるが、推定によるとこれらのサービスの都市における価値は、数十万ドルから数百万ドルに達する可能性がある。樹木の代替価値は数億ドルに達する可能性がある。これらの金額は純利益を反映したものであり、植樹、剪定、除去、葉の拾い集めと廃棄、公共場所の清掃などの管理コストが含まれている。

都市の木々は、個人の健康にも良い影響を与えてくれる。街路樹の密度が高い地域に住む人々は、同じ都市の中でも街路樹の密度が低い地域に住む人々に比べて、個人の身体的・精神的健康に対する認識が高く、若返ったと感じ、心臓病や代謝性疾患の発症率が低いという特徴を持っている。また、健康的な食生活、特に肉の量が少なく、野菜、果物、穀物を多く食べる傾向がある。これらの健康指標の違いは、社会経済的要因や年齢の違いを考慮しても保たれている。これらの生活様式の効果は、個人の年収が1万ドル以上あることと、住民の平均年収が1万ドル以上の地域の近郊に引っ越すことと同等であると推定されている。

それでも都市環境は極端に言えば飼い慣らされた自然である。そのため、欠点は無数にある。

飼い慣らしは人間以外の種の生息地を減少させ、残っている生息地は非常に断片化されていることが多いのだ。都市化は、人間が支配している環境でよりよく繁栄できる種が選択されることで、生態学的な群集の構成は変化する可能性がある。都市化はまた、食物網を変化させ、生態系のモザイクの中と外の栄養分の流れの捕食者制御と生産者制御の度合いを変化させるかもしれない。都市化は、水の使用量の増加、水の汚染、不浸透性の表面、流出パターンの変化、蒸発散量の変化を通じて、水文学的な循環と流れを変化させる可能性がある。都市の土壌は、しばしば物理的に攪乱されたり、化学的に汚染されたり、管理業務によって圧密されたりする。

これらの効果についての科学的な理解は、まだまだ初歩的なものである。都市生態学の分野では、都市システム内のさまざまな物質やエネルギーの貯留を正確に測定し、都市システムへの流入、内部での動き、外部への流出を追跡するという、協調的な取り組みが増えてきている。このような分析は、生態学的原則を実施することによる利益とコストの理解を向上させるものである。新たに収集された科学的証拠に基づいた生態学的原則を使用することで、都市計画者は持続可能な都市環境の構築についてより創造的に考えることができるようになるだろう。

その創造性の一部は、互いに異なる構造を持つ植物といった自然の特徴を、都市の自然が提供できるサービスの価値を高めるための建設プロセスと組み合わせることから生まれるのかもしれない。緑の屋根とは、生育中の植物で覆われた建物の屋根のことである。緑の屋根は、雨水を吸収し、断熱性を高め、都市部の温度を下げることで、都市部のヒートアイランド現象を緩和する。バイオ水路もその一例である。このなだらかな傾斜の造園要素は、自然の植生や堆肥で満たされた排水路、つまり部分的に修正された溝や局所的な窪地を作る。これらは通常、道路や駐車場に沿って建設される。水が最終的に都市の雨水下水道システムに入る前に、泥や汚染物質をろ過するために地表からの流出水を集めて保持することで、バイオ水路は都市の水質を保護している。これらの技術革新は、都市システムの設計と構築のための新時代の到来を告げるものだ。環境に配慮したさまざまな建設機能の有効性と性能を検証し、都市レベルでの導入前に小規模なスケールで改良することで、都市設計に科学的手法を取るという実験を行う機会も多くなっている。

空間と時間のシステム統合

都市計画者がどんなに誠心誠意取り組んだとしても、都市の中でループを閉じてしまうと、完全に持続可能な都市を実現することはできないだろう。食料生産だけを目的とした土地空間でさえも、一つの都市のすべての住民を支えるために必要な規模の経済性を持つことはできないだろう。ループを閉じるためには、都市の内部だけでなく、都市に出入りする重要な資源や廃棄物の貯留と流れを理解する必要がある。持続可能性を実現するためには、一つの都市がどのようにして世界の他の場所とテレカップリングされているかを理解する必要がある。

例えば、日本の都市部の消費者向けの食肉(鶏肉や豚肉)の生産を例に挙げてみよう。この需要は、中国、ブラジル、米国の生産システムと連動している。これらの動物の飼料用作物を生産するためには、東京都の面積の10倍ほどにあたる約200万ヘクタールの土地が必要である。また、作物の生産には年間約35立方キロメートルの水が必要である(これよりもっと多い推計もある)。これは、フーバーダムの建設によって形成された米国最大の貯水池であるミード湖のおよそ三つ分に相当する。

物質、エネルギー、製品を生産して送る地理的に離れた地域から、これを受け取る都市の地域間の密接なつながりは、都市の影響の地理的な範囲が実際に都市である地域をはるかに超えていることを意味している。この地理的な範囲を機能的な意味で再定義する努力は、ループを閉じ、持続可能性のための生態学的要件を都市が満たすようにするのに役立つ。都市生態学者は、システム統合の概念を通して、これを実現するための手段を開発しているのだ。

システム統合の目的は、私たち人間が環境に与える影響の多くの原因と結果を、一つのシステムの境界を超えて見ていないことに起因しているという事実を克服することである。都市の持続可能性を達成するためには、ある都市システムの影響が、テレカップリングされた世界の他のシステムとどのように結びついているか、また、他のシステムからどのようにフィードバックされているかを説明することが必要である。これは確かに複雑である。結合されたシステム内とシステム間の物質や製品の流れ、そしてそれらの流れを形成する社会的、政治的、経済的要因を考慮して計算しなければならない。それは、持続可能性に大きな利益をもたらすことができる重要な手段を見つけるために、その会計を行うことを意味する。それは実行されたことが目標を達成しているかどうかを見るフォローアップの会計を含んでいる。

システム統合がどのようにして実現するのか、中国の事例を考えてみよう。北京市には、2000万人の住民のニーズに対応できるだけの十分な水の供給がない。淡水を供給するために100キロメートル離れた密雲《ミユン》流域に注目しなければならない。そこに建設されたダムはアジア最大の人造湖である。ミード湖の約10分の1の大きさである。この水源地は、流域に住む87万8000人の住民の97%が農業に従事しており、この人々の生活にとっても重要な意味を持っている。淡水を貯留するための貯水池の建設は、北京の住民にとっては確かにメリットがあるが、流域に住む人々にとっては淡水利用の機会が奪われることになる。そこで一つの解決策は、北京に提供している生態系サービスである淡水の供給に対して、流域住民にお金を支払うことである。しかし、この解決策だけでは、住民が伝統的な農耕生活を続けることはできない。なぜなら、作物を育てるために施肥した肥料から窒素やリンが浸出して水質を汚染し、農耕利用と北京での淡水の使用が競合することになるため、住民は伝統的な農耕生活を続けることができないのである。

北京市が採用した解決策は、これらの農業地域社会との地域連携を発展させ、きれいな水を豊かに届けることである。北京市は、淡水供給のための支払いを農業に結びつける奨励を行うことで、結果的に水質や水量を守ることにした。具体的には、水田農業は多くの水を必要とし、水中に窒素やリンが多く含まれるため、汚染度が高くなる可能性がある。解決策としては、トウモロコシのように水要求の低い作物を用いることである。さらに、トウモロコシの栽培は、その地域の地形や土壌に合わせて行う。環境分析によると、最終的に貯水池に浸出する窒素やリンの量を減らすことができたのだ。

フォローアップ分析は、このような農業形態の変化が社会力学や家計経済をも変化させてきたことを示している。世帯の収入は多くなったが、その収入のうち、収益性の低いトウモロコシ農業からの収入は少なく、非農業的な出稼ぎ労働からの収入が多くなっている。世帯はまた、技術を購入したり、教育を受ける余裕ができたりするように、支出の習慣を変えている。彼らは、流域から得られる木材燃料の使用を減らし、石炭や石油の使用を増やしている。当然のことながら、これらの変化は環境の他のセクターにもフィードバックをもたらす可能性がある。しかし、北京と密雲の社会‐生態システムの中での協調性を高めることで、経済活動と環境目標を明確に一致させることは、政策開発と行動に柔軟性を持たせる方向への重要な一歩となる。

フォローアップ分析は、これらの統合された社会‐生態システムが持続可能なものとなるために、その潜在能力を最大限に発揮するために取り組むべき知識、技術、統治の乖離を明らかにするのに役立つ。ここで重要なのは、柔軟性を持つことが統合されたシステムの適応を助け、環境性能を微調整する方法であるということである。

北京‐密雲カップリングは、空間的なシステム統合の一例である。しかし、時間の経過とともに実現される社会‐生態的な意味合いを持つ統合システムも存在する。明確な例としては、農作物を人間の食料として利用するか、バイオ燃料という形でエネルギー源として利用するかという問題がある。世界の多くの国が、一部の国の工業規模の作物生産に大きく依存している。しかし、世界的な安全保障上の理由や、化石燃料の燃焼による環境への影響を軽減するために、農作物の生産をバイオ燃料の製造に切り替える生産国もある。このような慣行がもたらす潜在的な環境コストはともかく、バイオ燃料生産のための食用作物の迅速な再配置を促す政策は、テレカップリングされた地理的に遠く離れた場所に衝撃を送り込むことになる可能性がある。これは、食用作物の取引に依存している地域社会に将来的な負荷を課すことになる。彼らは、地元の生産で自分たちを養う手段が限られており、地元の農業を増やすことにより適応する能力も限られている。これには多くの発展途上国が含まれているが、日本やオランダのような先進国も含まれている〔日本の食料自給率は37%〕。

産業生態学と都市生態学は、これまでこの本で取り上げられてきたことの集大成ともいえる新興分野である。これらはシステム思考に基づいており、生態系サービスの評価、生態系の機能とサービスの提供能力に関する惑星限界(プラネタリー・バウンダリー)の考察、現実と仮想の資源のテレカップリング、社会的・政治的・経済的な組織や制度からなる人間の社会システムの階層構造、環境スチュワードシップなどが含まれている。これらは、人間と自然を紡ぎ、両者に敬意を払い、倫理的な方法で持続可能性を実現するための社会的なアイデアを提供している。

第8章　生態学者とニュー・エコロジー

ニュー・エコロジーを推進する生態学者にとって、生態学教育を受けることで課される究極のペナルティは、私たちが中立であることと、自然と人間性を維持するという二つの大義の間で直面する個人的な葛藤である。この葛藤は、自然の神秘を理解することに魅了され、科学的知識を進歩させるために自然の複雑さを研究する職業に従事していることと、自然と社会の両方を維持するために情熱を持って自然を保護することとの間で、幸せな個人的バランスを見つけることを必要とする。持続可能性の実現に向けて、ますます注目されている科学分野で働く専門家である生態学者に他の方法を求めてはいけない。生態学者は、研究手法や理論を再考し、自然と人間の役割についての科学的理解を深めることで、今日の地位を確立している。生態学は、社会に情報を提供する上で生態学者が担うべき役割について、生態学者自身の見解を変えたのだ。

当初、生態学は事実上自然を持続させるための科学であり、その科学的分析は、種や生態系の基礎的な理解を深めることに重点が置かれ、種の生息地での博物学的観察から情報を得て動機づけられていた。この事業の成果は、危険にさらされている種や生態系を特定し、特徴づけるための科学的知識と能力を蓄積したことであった。これにより、環境保全と科学的な資源管理の時代が始まったのである。これまで、生態学的な科学的洞察は、種や土地の保全の擁護者や、人間による自然の破壊的な乱開発に反対する擁護者に情報を提供するために利用された。

20世紀に入ってからの人口増加と人類の自然への支配の増大は、生態学を人間がいても自然を維持するための科学に成長させようと、生態学者の努力を倍増させた。生態学者は、種の変化の存在と豊富さ、およびその生息地の種構成の生態学的な帰結を明らかにする実験を考案した。それは、リスクにさらされている種や生態系を特徴づけ、ピンポイントで特定する方法を洗練させた。この科学が、広大な原生地域を国立公園や保護地域に指定し、世界的に多くの保護努力をしてきた時期でもあった。生態学者は、これらの公園や保護区がどれだけの規模であるべきか、地域全体にどれだけの数があるべきか、どれだけのつながりがあるべきか、そしてどれだけ自然を代表するものであるべきかを、政策立案者に伝える手助けをしたのだ。しかし、このことは、人間と自然の分断を広めることに効果的に貢献してしまったのである。

しかし、人類は原生地域を侵食し続けた。世界中の多くの場所で、この分断の見方に基づいた自然保護が人々を先祖代々の土地から追いやってしまった。その結果、彼らのコミュニティは崩壊し、「場」の感覚や生業、そしておそらく人間以外の生命に対する価値さえも見失ってしまった。その結果、人間の景観の利用方法が変化し、人間の影響を受ける場所や規模が再編成されたのである。多くの場合、このことが、生憎にも先に述べた生物多様性と持続可能性に対する保護と脅威の「島」のようなものにつながっている（第4章参照）。しかし、自然の物質的な恩恵や生活を支えるサービスが人類を支えているという科学的な評価が高まり、時には自然の存在を大切にするのと同じくらい、あるいはそれ以上に、大切にするようになってきた。

このことから、自然がどのようにしてそれらのサービスを提供しているかに焦点を当てた科学的分析を行うニュー・エコロジーが生まれたのである。このようにして、生態学は人々のために自然を支える科学へと成長していったのである。このことが、私が意図して説明してきたような研究につながったのである。このような新しい科学的役割は、自然――生物多様性と生態系の機能――が、保護地域の内外を問わず人類を支える環境サービスを提供するためには、自然を保護しなければならないという見解を広めることで、人間と自然の間の溝を埋めるのに役立っている。しかし、生態学者たちはまた、自然と人間の関わりについての人間中心主義的な見方を助長する科学に不安を感じている。

人間を組み込ませる効果的な手法として、生態学者は、人のために自然を持続させることは一方通行ではないのだ、というメッセージを明確に伝える必要があった。社会／経済／政治／

生態系の一員として、人間は自然との相互関与を通じてお互いの幸福に加えて、自然の「幸福」を維持するという共通の責任を負っているのだ。しかし、欠けていたのは、このような関与を枠組み化するための倫理的な根拠であった。そこで、人間と自然を社会‐生態学的なシステムとして捉え、人間の行動を導くことを目的とした科学的な倫理学である「環境スチュワードシップ」という考え方が生まれた。このようにして、生態学——21世紀のニュー・エコロジー——は、人新世における人間と自然の持続を支える科学となったのである。

しかし、この仕事は完成には程遠い。生態学者は現在、人類が広がった地理的スケールに見合った全体像の科学を進めることで、知識創造の向上に大きく貢献している。次の世紀には、人類が世界を支配する勢力となることは必至である。それに伴い、地球上の空間が急速に変貌し、再利用され、生物多様性や生態系の機能が大きく失われることが懸念されている。これは確かに、何かを訴えかける常識となっている。しかし、生物多様性の動向についての科学的な証拠は、新たに現れてきている像が、それほど単純ではないかもしれないことを示唆している。

生態学者は現在、生物多様性の世界的な傾向を評価して地図を作成し、減少の大きさを測ろうという呼びかけに応えている。これは確かに生態学者にとっては、生態の科学を進歩させる重要かつ基本的な事業であると考えられる。しかし、それ以上のことを達成するための重要な貢献であるとも考えられる。また、生物多様性の世界的な傾向を理解し、予測することが、人間と自然の両方の利益の上で持続可能性、倫理、環境政策にも重要な意味を持つことを、生態学者は認識している。

地球全体の生物多様性の動向を俯瞰してみると、これまでの生物多様性の損失の常識を覆す新たな知見が見えてくる。例えば、人間の影響を受けやすいとされてきた海の島々のような自然の多くは、実際には生物多様性が失われていないのだ。島嶼部の種数に基づいた目録によれば、人間の侵入によって絶滅したにもかかわらず生物多様性が増加している場所もあることが示されている。より新しい目録では、局所的、地域的な生物多様性が大陸をまたいだ規模で調査された場合、安定的に推移しているか、あるいは増加している可能性があることが示され始めている。同時に、このような分析は、生物多様性の全体的な指標として単に種の数を使って傾向を調べるだけでは、現状の全体像がつかめないことを浮き彫りにし始めている。

例えば、多くの地理的地域の生物多様性は、かつてその地域を占領していた種が他の移入した種や侵入してきた種に取って代わられ、もはやその地域には存在しなくなったとしても、全体の生物多様性はあまり変化していないかもしれない。このような種の入れ替わり現象は、ある場所で絶滅した種が新しい種に取って代わられるというものだが、これは、自然がより乱雑になるよう人間が景観を改変したり、再配置したりしたことが原因の一つである。しかし、これらの現象がどのように起こっているのか、データはまだ大雑把なものでしかない。

現代のリモートセンシングと地理情報システムの技術を利用して、生態学者はこの新たな乱雑さを特徴づけ、地図化し始めている。生態学者は現在、世界的な土地利用の変化の空間的なパターンと、広大な地理的空間における種の集中の時間的な再配置を明らかにできるようになっている。生態学者は、種の分布と存在量のパターンを測定する新しい方法を開発しており、それによって全球で統一した目録を提供する新しいデータを収集するための方法論を調整し、協調する努力を展開している(日本でもこのような取り組みが生態学者らによって献身的に行われているが、諸外国と比べ政府からの支援はまだまだ少ない)。事実上、生態学者はデジタル時代の新しい自然史を推進しているのである。多くの点で、それは私たちが自然の中で見ているものの詳細な説明を提供するという点で、古典的な、場所に基づいた従来の自然史とは異ならない。しかし、それは量的にはより精巧になり、範囲も広くなっている。それは、大規模でグローバルスケールのデータセットを収集し、広い地理的スケールで種とその生息地の間の関連性の変化を特徴づけ、地図化する新しい統計的手続きを開発し、適用していることだ。それによって、種の再配置に関する新たな動的な描写が前進している。それは、多くの種が従来の常識で考えられていたよりも回復力があり、人間による自然の支配に対処し、適応する能力が高いのではないかという、さらなる科学的な検証が必要な仮説を提起している(エマ・マリス『「自然」という幻想』、メノ・スヒルトハウゼン『都市で進化する生物たち』(ともに草思社)参照)。

どの種がどこにいるのかを特徴づけることは、もちろん物語の半分にすぎない。残りの半分は、地理的な場所での特定の配置が、生態系の機能やサービスにとってどのような意味を持つのかを伝えることである。生態学者は、ある種が別の種に取って代わる場合、機能的に似たものに取って代わるのかどうかを知りたいと考えている。つまり、種の入れ替わりは生態系機能の変化を意味するのか、それとも新しい種は、かつて入れ替わった種が担っていた役割を引き受けるのだろうか？

ニュー・エコロジーは、種の特性とその機能的特徴に基づいて、生態系における生物多様性の機能的役割を説明する上で重要な進歩を遂げてきた。このような理解は、群集や食物網をランダムに集合させる実験的アプローチを用いて構築された。これは、実験結果の偏りを避けるために、従来の実験計画のルールに従って意図的に行われたものである。しかし、人間による自然の飼い慣らしが生物多様性に無作為に影響を与えるわけではない。例えば、哺乳類や魚類などの脊椎動物から昆虫やクモなどの節足動物に至るまで、肉食動物の種は他の種よりも圧倒的に早くその数や地理的存在が減少していることがわかっている。生態学者は現在、生態系の種の構成におけるこのような非ランダムな変化が生態系の機能にとって何を意味するのかという新たな疑問に直面している。これに伴い、人間の自然との関わりのスケールに見合った、大きな空間的広がりと長い時間の中で展開されている問題を説明できるような新しい実験的手法を考案するという重要な課題も出てきている。この課題は、特に人間がうまく制御されたランダムな方法で自然と関わっていないという事実とも関連する。

これに伴い、生態系の回復力は、生態系を構成する種だけでなく、系統的多様性と呼ばれる種の進化の多様性に大きく依存している可能性があるという認識が広まってきている。生態学者は、空間と時間における系統的多様性のパターンを特徴づけ、種の特徴を形成する進化的遺産が、種が生態系の中でどのようにして機能的に結合するのを決定するかを調べることによって、系統的多様性を機能に関連付ける研究を行っている。この研究は、社会が人間の手による景観の変化によってこれらの進化的遺産を断ち切った場合、持続可能性にとってどのような意味があるのかについて、あらゆる種類の疑問を投げかけている。

興味深いことに、生態学者たちは今、人間によって作られ、多くの人が住んでいる生態系の自然を研究する方向に向かっている。人類はそれらを「都市」や「都市部」と呼んでいたが、生態学者はそれらを原生地域とは直接関係のない別の種類の生態系と見なしている。都市部は、土地の自然の特徴、植生、地形の特徴の中に、建設された公共基盤施設が散在していることから生じる、独特の景観のモザイクである。この新しい景観は、生態系の微気候、水と栄養素の流れと濃度、汚染物質の排出と濃度を変化させる。植栽地は、人間以外の種のための生息地を作ることができる。しかし、ある種の植栽は、しばしばフィルターの役割を果たし、新たに構築された生息地で生活できる一部の種だけを引き寄せることになる。多くの、とても多くの種が排除される可能性がある。設計上、都市景観開発のモザイク状の性質は、生息地の断片化を助長している。都市の交通網とそれに伴う交通の賑やかな流れは、この分断を悪化させ、生息地を切り離すことで種の絶滅を招く恐れがある。都市の設計や計画を改善するために、生態学者はこのような断絶が都市の生態系の機能性に何を意味するのかを研究し始めている。

都市の生態系はまた、現代の生態学的な科学的原理が21世紀の自然の働きを説明するためにどれだけ持ちこたえられるか、新たな試練の場を提供している。都市化の範囲と速度は、種が新たなそしてより強い進化の圧力に直面するのではないかという疑念を抱かせる。新たな研究の先端は、生態系の進化過程において人間が果たす役割、人間がどのように進化的変化を促すのか、そして進化的変化が生態系の機能性と持続可能性にとってどのような意味を持つのかを理解することである。

人間が急速な進化的変化を促してしまうという不安は、環境スチュワードシップ倫理の中で十分に理解されている。それは、複雑な適応的社会－生態システムの概念に組み込まれている。しかし、それが生態系の変化と社会制度の変化の間の相互作用にとってどのような意味を持つのかは、現在の理解の範囲を超えている。さらに、今日私たちが見る目のくらむような多様な生命を生み出してきた創造的な過程に人間が重要な役割を果たすことは、倫理的にどのような意味があり、未来に何をもたらすのだろうか。回復力を確保するための中心となる進化の能力が維持されることを保証する人類の義務とは何なのだろうか。このようなことを考えると、心が折れそうになる。

人類が来世紀の地球の姿を形作る上で重大な役割を果たすことができるという認識のもと、社会‐生態システムがどのように機能するのかという、新たな疑問の数々に答える新しい科学的原理を発展させることが急務である。しかし、生態学者はこれ以上一人でやっていくことはできない。それには、生態学の研究と人類の研究を融合させた創造的な新しい方法を進める必要がある。それは、生態学、経済学、社会科学、政治学、哲学、神学、地理学など、それぞれの学問的伝統の中にある規範や概念的見解に浸っている学者たちが、人間と自然の間にある新たな分裂を克服していくことを意味する。生態学者は今後、環境スチュワードとは何かという概念を広げるために(あるいはそれが人類の役割を考える上で適切な方法であるかどうか)、学術分野の統合を促進する指導的役割を担っていくのだ。

生態学者であることがワクワクする時代である。人類の影響力は、私たちの科学とその応用の両方において、これまで考えたこともなかった多くの領域に想像力を伸ばすことを余儀なくしている。人類が欲するものと必要とするものをよりよく区別し、生態学的な意味合いだけでなく社会的な意味合いも理解できるようにすることで、生態学者は社会がより持続可能な生活へと移行していくのを支援しているのだ。この目的のために、ニュー・エコロジーの中の生態学者は、アルド・レオポルドがずっと前に呼びかけた理想に応えようとしている。私がここで述べたニュー・エコロジーとは、人間も非人間も含めたすべての生命の驚くべき多様性を、完全に統合された自然として持続させるための科学である。ニュー・エコロジーは、人間と自然が織りなす未来のために、地球環境の治療や予防医学を実践するための科学的手段を考案しているのだ。

訳者あとがき

本書はオズワルド・シュミッツ(イエール大学教授)による *The New Ecology: Rethinking a science for the Anthropocene* の全訳である。氏は群集生態学を専門とする研究者であり、特に捕食者による生態系の制御(トップダウンコントロール)に関する優れた業績で知られている。氏は一般向けに書かれた本書の他にも数冊の専門書を著しており、私はこのうち *Resolving ecosystem complexity* (Princeton University Press, 2010)を研究室の輪読で読んだ経験がある。私の研究室では、近郊の温泉宿に合宿しながら最新の専門書を輪読する「温泉ゼミ」という恒例行事がある(正当な生態系サービスを享受するために、源泉掛け流しの露天風呂があることが温泉選択の基準となっている)。当時は北海道栗山町の温泉を堪能しながら、物事を根本的な部分から問い直していくシュミッツ氏の姿勢に大いに刺激されたものである。

しかし本書は一般向けの本ということもあり、購入してからしばらくは積ん読状態が続いていた。その後私は大学を移り、「生態学とはどのような学問か」ということを入学したての学部生向けに講義することになり、何かの参考になるかと思って本書を手に取った。コロナ禍で温泉合宿もままならない中行った、単独自宅風呂ゼミである。そして本書はこれからの生態学の果たす役割についても熱く語り、私自身にとっても共感するところの多い中身であることが分かった。これは生態学と生態学者に向けた応援歌であり、その広告塔ともなっている。「現在の生態学の課題は、生態系機能の全体的な範囲に対する限界が、種の遺伝的構造と進化の歴史によって規定された、種の進化的適応能力によってどのように決定されるかについて、より深く、より正確な実証的理解を深めることにある」というシュミッツ氏の見解は生態学を専門とする者にとって大いに納得できるのだ。

地理的な広がりを持つ自然個体群の機能的変異の実態を明らかにすることや、そこで起こっている生物間相互作用の変化を詳細に明らかにしていく研究が、気候変動下で持続可能性を実現していく上でも、基礎研究としても今後もますます重要になってくるだろう。これが生態学者としての自分自身に向けられた宿題である。

＊＊＊

生態学は博物学の伝統に始まり、局所での生物の営みの巧妙さや美しさを記述し、なぜそれが成り立っているかを時には数学の力も借りながら明らかにしてきた。しかし近年は膨大な情報の集積とその解析技術の進展も伴いながら、地球上のあらゆる生態系に思いもよらない形で人間活動の影響が立ち現れている様も明らかにし始めている。本書の中でもしばしば取り上げられるテレカップリングがその一つである。「プラネタリー・バウンダリー」の指標によると、今日の我々はさまざまな危機に直面しており、中でも生物多様性の喪失、窒素負荷、気候変動が極めて深刻な状態にあるとされている。本書の中でもこれらの問題が取り上げられているが、常に生態学的な原理と照らし合わされ、局所的な課題も空間的な広がりの中で相互関係を捉え直す姿勢が貫かれている。

近年の生態学は経済学と共通する概念が数多いだけでなく、まさに自然の経済と人間の経済を対比し融合させ、実践することが本書で言うニュー・エコロジーの中心課題となっている。したがって文中にはポートフォリオ、サブシディ、スチュワードシップ、リターン、サプライチェーン、モラトリアムなどの経済用語が頻出する。生態系が閉じたものではなく系外資源(ここでいうサブシディ)によって支えられているなどの認識はもはや生態学者の中では常識であるが、これらの重要な経済学上の概念を生態学に取り入れることと、生態学上の知見を社会経済に取り入れられるかどうかが、まさに今後自然と人間社会が持続性を持って成立していくための試金石となるのだろう。ecology と economy の語源は同じであり、一旦は対象が自然と人間社会とに分かれた学問になってしまったが、ニュー・エコロジーによって再び統合されていくことになるのかもしれない。

本書が出版された2016年は、米国のトランプ政権が始まる直前である。これまでの体制から抜けきれないデトロイトの自動車産業を、進化し続けない種は絶滅する運命にあると著者は例え、本書の刊行直後にトランプ政権が始めた保護主義政策を先回りして批判しているようでもある。その一方で、豚や鶏を太らせるために他国から大量の飼料を輸入している、日本の食肉業も槍玉に上がっている。牛の場合も日本人が好む霜降り肉にするため、本来は牧草を食べるはずの牛にわざわざトウモロコシなどの作物を食わせて脂まみれにさせている。日本の消費者目当てのためだけに開墾された広大な畑が海外の各地に存在しているのである。実際このような他国への生物多様性の負荷を評価した論文(2012年のネイチャー誌に掲載)では日本が米国に次いで世界でワースト2であると報告された。

一方で岩手県や北海道大学静内研究牧場など、一部の牧場では放牧によって草を食わせ、輸入飼料の使用を低減させて飼養する手法が研究・実践され、環境負荷の少ない畜産業を指し示している。このような畜産業が今後より注目され、消費者に受け入れられるようになるためにもニュー・エコロジーの考え方は重要である(宮城県でも同様の挑戦が行われていたが、2011年の原発事故によって草地の放射能汚染が懸念されたため中断した)。

ただし、環境スチュワードシップを推し進めるための基盤として、本書では環境倫理観が重要な役割を果たすと主張しているが、この点が最も困難な部分であり、果たして倫理観が推進力になりえるかどうか議論の分かれるところであろう。資本主義を前提としている以上、デンマーク企業間の工業生態学的相互依存のような形態が有望な方向性の一つかもしれない。

人間社会と自然が不可分のものであるという考え方自体も特に目新しいものではない。米国では、入植からの歴史が浅いためか自然と人間は別物という認識が未だ強いようだ。それに比べ日本の場合は生活の中に自然を取り入れる伝統文化があるため、人間社会と自然が一体のものであるという認識は受け入れられやすいかもしれない。実際、米国で最初に入植されたニューイングランド地方の人以外、アンダー・ユース(人の自然利用が長い歴史的期間行われ続けた里山のような場所が、人に利用されなくなることで起こる自然生態系の変化)という考え方もなかなか理解されない。欧州の思想書でも似た考えが述べられてきたが、生態学的な事象を具体的に示してはいなかった。本書は米国のフィールド生態学者がこの問題に真正面から向き合い一般の人々に紹介する価値あるものとなっている。

人間が作り出した構造物の量がついに自然界の生物量と同程度になった、と2020年のネイチャー誌で報告された。これは恐るべきことであり、同時に自然と人間社会の境界領域がますます薄れていくことを如実に物語っている。新型コロナの感染拡大も自然と人間社会が不可分であることを強く示している。この出来事は生物間相互作用の一つであり、群集進化動態であり、目に見えない外来種問題であり、生物多様性のフットプリントである。土地利用の改変が介在した野生生物との軋轢の一種なのかもしれない。こうしてみるとまさに生態学的問題が凝縮された社会的課題であり、社会-生態システムを扱うニュー・エコロジーのテーマとも言える。

日本を含む東アジア地域は極域から熱帯まで切れ目なく森林帯が発達し、世界で生物多様性が最も高い地域であるだけでなく、人口が最も密集している地域でもある。このような中に置かれている日本だからこそ、持続可能な社会-生態システム構築に向けた取り組みを発信・実践していくべきだろう。ほんの数千年前の狩猟採集社会では個人の自然に対する知識や能力がそのまま暮らしと直結していたため、そのための経験に時間と労力が割かれていたに違いない。しかしそれがはるかに減退している現代においては、生態系に関する知識や情報を広くかつ深く共有する、言うなれば生態系モニタリングシステムの拡充やそこから得られた情報を社会に還元する技術を発展させることが、社会-生態システムを健全に運用する前提となるだろう。

生物多様性は、その複雑性のために社会的重要性が認知されることがなかなか進んでいない。しかし本書を読まれた方は、生物多様性を真正面から扱う生態学がいかに魅力的な学問であり、また社会と自然の橋渡し役になるか気づかれたことと思う。生物間のネットワークとしての生物多様性の存在自体が一次産業の収量を安定させたり、大気中の二酸化炭素を隔離する速度を上昇させたりする、などさまざまな社会システムと直接に接続しているという理解が日本の一般の人々の間でも進み、生態学(ニュー・エコロジー)を志す若者が増えれば訳者としてこれ以上の喜びはない。

翻訳に際し、節見出しを新たに付した。また、読者の理解の助けとなるよう訳注を本文中に〔 〕で示し、原著にはない図版を新たに補った。本書の刊行にあたって、著者のシュミッツさんには日本語版への序文を快く書いていただいた。岩波書店の飯田建さんは、私を叱咤激励しながらさまざまにご尽力くださった。東京大学の七原諒亮さんにはイラストを描いていただいた。北海道大学の中村誠宏さん、東京大学の小幡愛さんには初稿を通読していただきご意見をいただいた。お礼申し上げます。

2021年12月　日本・東京

日浦　勉

岩波新書より

- 科学論入門　佐々木力
- ブナの森を楽しむ　西口親雄
- 無限のなかの数学　志賀浩二
- 細胞から生命が見える　柳田充弘
- からだの設計図　岡田節人
- 大地動乱の時代　石橋克彦
- 人工知能と人間　長尾真
- 日本列島の誕生　平朝彦
- 生物進化を考える　木村資生
- 宇宙論への招待　佐藤文隆
- 大地の微生物世界　服部勉
- クマに会ったらどうするか　玉手英夫
- 宝石は語る　砂川一郎
- 動物園の獣医さん　川崎泉
- 星の古記録　斉藤国治
- 分子と宇宙　木原太郎
- ニュートン　島尾永康
- 物理学とは何だろうか　上・下　朝永振一郎
- 相対性理論入門◆　内山龍雄

- 人間であること　時実利彦
- 日本人の骨　鈴木尚
- 人間はどこまで動物か　アドルフ・ポルトマン　高木正孝訳
- 人間以前の社会◆　今西錦司
- 栽培植物と農耕の起源　中尾佐助
- 動物と太陽コンパス　桑原万寿太郎
- 生物と無生物の間　川喜田愛郎
- 生命の起原と生化学　オパーリン　江上不二夫編
- ダーウィンの生涯　八杉竜一
- 科学の方法　中谷宇吉郎
- 宇宙と星　畑中武夫
- 数学の学び方・教え方　遠山啓
- 現代数学対話　遠山啓
- 数学入門　上・下　遠山啓
- 無限と連続　遠山啓
- 原子力発電　武谷三男編
- 日本の数学　小倉金之助
- 物理学はいかに創られたか　上・下　アインシュタイン　インフェルト　石原純訳

- 零の発見　吉田洋一

(2021.10)　◆は品切，電子書籍版あり．(S2)

自然科学

花粉症と人類　小塩海平
美しい数学入門　伊藤由佳理
統合失調症　村井俊哉
リハビリ　生きる力を引き出す　長谷川幹
がん免疫療法とは何か　本庶佑
ユーラシア動物紀行　増田隆一
津波災害〔増補版〕　河田惠昭
技術の街道をゆく　畑村洋太郎
抗生物質と人間　山本太郎
ゲノム編集を問う　石井哲也
霊長類　消えゆく森の番人　井田徹治
系外惑星と太陽系　井田茂
文明は〈見えない世界〉がつくる　松井孝典
首都直下地震◆　平田直
南海トラフ地震　山岡耕春
ヒョウタン文化誌　湯浅浩史

人物で語る数学入門　高瀬正仁
桜　勝木俊雄
エピジェネティクス　仲野徹
算数的思考法◆　坪田耕三
地球外生命　われわれは孤独か　長沼毅　井田茂
科学者が人間であること　中村桂子
富士山　大自然への道案内◆　小山真人
近代発明家列伝　橋本毅彦
川と国土の危機　水害と社会　高橋裕
適正技術と代替社会　田中直
四季の地球科学　尾池和夫
地下水は語る　守田優
キノコの教え　小川眞
宇宙から学ぶ　ユニバソロジのすすめ　毛利衛
心と脳　安西祐一郎
職業としての科学　佐藤文隆
太陽系大紀行　野本陽代
偶然とは何か　竹内敬

ぶらりミクロ散歩　田中敬一
冬眠の謎を解く　近藤宣昭
人物で語る化学入門　竹内敬人
宇宙論入門　佐藤勝彦
岡潔　数学の詩人◆　高瀬正仁
タンパク質の一生　永田和宏
疑似科学入門　池内了
火山噴火　鎌田浩毅
数に強くなる◆　畑村洋太郎
人物で語る物理入門　上・下　米沢富美子
日本の地震災害◆　伊藤和明
宇宙人としての生き方　松井孝典
旬の魚はなぜうまい◆　岩井保
私の脳科学講義　利根川進
宇宙からの贈りもの◆　毛利衛
市民科学者として生きる　高木仁三郎
科学の目　科学のこころ　長谷川眞理子
地震予知を考える　茂木清夫
生命と地球の歴史　丸山茂徳　磯崎行雄

岩波新書新赤版一〇〇〇点に際して

ひとつの時代が終わったと言われて久しい。だが、その先にいかなる時代を展望するのか、私たちはその輪郭すら描きえていない。二〇世紀から持ち越した課題の多くは、未だ解決の緒を見つけることのできないままであり、二一世紀が新たに招きよせた問題も少なくない。グローバル資本主義の浸透、憎悪の連鎖、暴力の応酬——世界は混沌として深い不安の只中にある。

現代社会においては変化が常態となり、速さと新しさに絶対的な価値が与えられた。消費社会の深化と情報技術の革命は、種々の境界を無くし、人々の生活やコミュニケーションの様式を根底から変容させてきた。ライフスタイルは多様化し、一面では個人の生き方をそれぞれが選びとる時代が始まっている。同時に、新たな格差が生まれ、様々な次元での亀裂や分断が深まっている。社会や歴史に対する意識が揺らぎ、普遍的な理念に対する根本的な懐疑や、現実を変えることへの無力感がひそかに根を張りつつある。そして生きることに誰もが困難を覚える時代が到来している。

しかし、日常生活のそれぞれの場で、自由と民主主義を獲得し実践することを通じて、私たち自身がそうした閉塞を乗り超え、希望の時代の幕開けを告げてゆくことは不可能ではあるまい。そのために、いま求められていること——それは、個と個の間で開かれた対話を積み重ねながら、人間らしく生きることの条件について一人ひとりが粘り強く思考することではないか。その営みの糧となるものが、教養に外ならないと私たちは考える。歴史とは何か、よく生きるとはいかなることか、世界そして人間はどこへ向かうべきなのか——こうした根源的な問いとの格闘が、文化と知の厚みを作り出し、個人と社会を支える基盤としての教養となった。まさにそのような教養への道案内こそ、岩波新書が創刊以来、追求してきたことである。

岩波新書は、日中戦争下の一九三八年一一月に赤版として創刊された。創刊の辞は、道義の精神に則らない日本の行動を憂慮し、批判的精神と良心的行動の欠如を戒めつつ、現代人の現代的教養を刊行の目的とする、と謳っている。以後、青版、黄版、新赤版と装いを改めながら、合計二五〇〇点余りを世に問うてきた。そして、いままた新赤版が一〇〇〇点を迎えたのを機に、人間の理性と良心への信頼を再確認し、それに裏打ちされた文化を培っていく決意を込めて、新しい装丁のもとに再出発したいと思う。一冊一冊から吹き出す新風が一人でも多くの読者の許に届くこと、そして希望ある時代への想像力を豊かにかき立てることを切に願う。

（二〇〇六年四月）

オズワルド・シュミッツ（Oswald J. Schmitz）

イエール大学環境学部教授．ミシガン大学自然資源学部で学位取得．イエール大学環境学部助教，准教授を経て現職
専攻－群集生態学
著書－*Resolving Ecosystem Complexity*（Princeton University Press 2010），*Ecology and Ecosystem Conservation*（Island Press 2007）

日浦 勉

東京大学大学院農学生命科学研究科（生圏システム学専攻）教授
専攻－森林生態学，群集生態学

人新世の科学 ―ニュー・エコロジーがひらく地平
オズワルド・シュミッツ　岩波新書（新赤版）1922

2022年3月18日　第1刷発行

訳 者　日《ひ》浦《うら》 勉《つとむ》

発行者　坂本政謙

発行所　株式会社 岩波書店
〒101-8002 東京都千代田区一ツ橋 2-5-5
案内 03-5210-4000　営業部 03-5210-4111
https://www.iwanami.co.jp/

新書編集部 03-5210-4054
https://www.iwanami.co.jp/sin/

印刷製本・法令印刷　カバー・半七印刷

ISBN 978-4-00-431922-1　Printed in Japan

文献一覧

第 1 章

Aber, J. D., and Jordan, W. R. 1985. Restoration ecology: An environmental middle ground. *BioScience* 35 (7): 399.

Costanza, R., d'Arge, R., de Groot, R., Farber, S., Grasso, M., Hannon, B., Limburg, K., Naeem, S., O'Neill, R. V., Paruelo, J., Raskin, R. G., Sutton, P., and van den Belt, M. 1997. The value of he world's ecosystem services and natural capital. *Nature* 387: 253-260.

Cronon, W. 1995. The trouble with wilderness: or, getting back to the wrong Nature. In *Uncommon Ground: Rethinking the Human Place in Nature* (W. Cronon, editor). Norton, New York.

Daily, G. C (editors). 1997. *Nature's Services: Societal Dependence on Natural Ecosystems*. Island Press, Washington, DC.

Frumkin, H. 2001. Beyond toxicity: human health and the natural environment. *American Journal of Preventive Medicine* 20: 234-240.

Kareiva P., Watts, S., McDonald, R., and Boucher, T. 2007. Domesticated nature: Shaping landscapes and ecosystems for human welfare. *Science* 316: 1866-1869.

Koellner, T., and Schmitz, O. J. 2006. Biodiversity, ecosystem function, and investment risk. *BioScience* 26: 977-985.

Leopold, A. 1953. *Round River*. Oxford University Press, Oxford, UK.

Marris, E. 2011. *Rambunctious Garden: Saving Nature in a Post-Wild World*. Bloomsbury, New York. エマ・マリス著『「自然」という幻想：多自然ガーデニングによる新しい自然保護』草思社，2018 年.

Myers, N. 1996. Environmental services of biodiversity. *Proceedings of the National Academy of Sciences of the USA* 93: 2764-2769.

Norton, B. 1996. Change, constancy, and creativity: The new ecology and some old problems. *Duke Environmental Law and Policy Forum* 7: 49-70.

Power, M. E., and Chapin, F. S. III. 2009. Planetary stewardship. *Frontiers in Ecology and the Environment* 7: 399.

Ryff, C. D., and Singer, B. 1998. The contours of positive human health.

Psychological Inquiry 9: 1-28.

Schindler, D. E., Armstrong, J. B., and Reed, T. E. 2015. The portfolio concept in ecology and evolution. *Frontiers in Ecology and the Environment* 13: 257-263.

Schmitz, O. J. 2007. *Ecology and Ecosystem Conservation*. Island Press, Washington, DC.

Seeman, J. 1989. Toward a model of positive health. *American Psychologist* 44: 1099-1109.

第2章

Bonakdarpour, M., Flanagan, B., Larson, J., Mothersole, J., O'Neil, B., and Redman, E. 2013. The economic and employment contributions of a conceptual Pebble Mine to the Alaska and United States economies. IHS, Englewood, CO.

Botkin, D. B. 1990. *Discordant Harmonies: A New Ecology for the Twenty-first Century*. Oxford University Press, Oxford, UK.

Carlson, M., Wells, J., and Roberts, D. 2009. The carbon the world forgot: Conserving the capacity of Canada's boreal forest region to mitigate and adapt to climate change. Boreal Songbird Initiative and Canadian Boreal Initiative, Seattle WA, and Ottawa. 33 pp.

Centers for Disease Control and Prevention, Division of Vector-Borne Diseases. 2013. West Nile Virus in the United States: Guidelines for Surveillance, Prevention, and Control.

Duffield, J. W., Neher, C. J., Patterson, D. A., and Goldsmith, O. S. 2007. Economics of wild salmon ecosystems: Bristol Bay, Alaska. USDA Forest Service Proceedings RMRS-P-49.

Falkowski, P. G., Fenchel, T., and Delong, E. F. 2008. The microbial engines that drive Earth's biogeochemical cycles. *Science* 320: 1034-1039.

Fang, J. 2010. Ecology: A world without mosquitoes. *Nature* 466: 432-434.

Jørgensen, S. E., Fath, B. D., Bastianoni, S., Marques, J. C., Müller, F., Nielsen, S. N., Patten, B. C., Tiezzi, E., and Ulanowicz, R. E. 2007. *A New Ecology: Systems Perspective*. Elsevier, London.

Keohane, N. O., and Olmstead, S. M. 2007. *Markets and the Environment*. Island Press, Washington, DC.

Malaj, E., von der Ohe, P. C., Grote, M., Kühne, R., Mondy, C. P., Usseglio-Polatera, P., Brack, W., and Schäfer, R. B. 2014. Organic chemicals jeopardize the health of freshwater ecosystems on the continental scale. *Proceedings of the National Academy of Sciences of the USA* 111: 9549-9554.

Norton, B. 1996. Change, constancy and creativity: The new ecology and some old problems. *Duke Environmental Law and Policy Forum* 7: 49-70.

Peterson, R. K. D., Macedo, P. A., and Davis, R. S. 2006. A human-health risk assessment for West Nile virus and insecticides used in mosquito management. *Environmental Health Perspectives* 114: 366-372.

Relyea, R. A., and Diecks, N. 2008. An unforeseen chain of events: Lethal effects of pesticides on frogs at sublethal concentrations. *Ecological Applications* 18: 1728-1742.

Rose, R. I. 2001. Pesticides and public health: Integrated methods of mosquito management. *Emerging Infectious Diseases* 7: 17-23.

Schmitz, O. J., Raymond, P. A., Estes, J. A., Kurz, W. A., Holtgrieve, G. W., Ritchie, M. E., Schindler, D. E., Spivak, A. C., Wilson, R. W., Bradford, M. A., Christensen, V., Deegan, L., Smetacek, V., Vanni, M. J., and Wilmers, C. C. 2014. Animating the carbon cycle. *Ecosystems* 17: 344-359.

Swimme, B. T., and Tucker, M. E. 2011. *Journey of the Universe*. Yale University Press, New Haven, CT.

第 3 章

Cardinale, B. J., Duffy, J. E., Gonzalez, A., Hooper D. U., Perrings, C., Venail, P., Narwani, A., Mace, G. M., Tilman, D., Wardle, D. A., Kinzig, A. P., Daily, G. C., Loreau, M., Grace, J. B., Larigauderie, A., Srivastava, D. S., and Naeem, S. 2012. Biodiversity loss and its impact on humanity. *Nature* 486: 59-67.

Daily, G. C (editors). 1997. *Nature's Services: Societal Dependence on Natural Ecosystems*. Island Press, Washington, DC.

Dirzo, R., Young, H. S., Galetti, M., Ceballos, G., Isaac, N. J. B., and Collen, B. 2014. Defaunation in the Anthropocene. *Science* 345: 401-406.

Hansen, A., Peterson, J., Ellis, J., Sednek, G., and Wilson, B. 2008. Terrestrial-aquatic linkages: Understanding the flow of energy and nutrients across ecosystem boundaries.

Harper, J. L. 2010. *Population Biology of Plants*. Blackburn Press, Caldwell, NJ.

Horwitz, P., and Finlayson, C. M. 2011. Wetlands as settings for human health: Incorporating ecosystem services and health impact assessment into water resource management. *BioScience* 61: 678-688.

Koellner, T., and Schmitz, O. J. 2006. Biodiversity, ecosystem function, and investment risk. *BioScience* 26: 977-985.

Loreau, M., Naeem, S., and Inchausti, P. (editors). 2002. *Biodiversity and Ecosystem Functioning: Synthesis and Perspectives*. Oxford University Press, New York.

McKane, R. B., Johnson, L. C., Shaver, G. R., Nadelhoffer, K. J., Rastetter, E. B., Fry, B., Giblin, A. E., Kielland, K., Kwiatkowski, B. L., Laundre, J. A., and Murray, G. 2002. Resource-based niches provide a basis for plant species diversity and dominance in arctic tundra. *Nature* 415: 68-71.

Pace, M. L., Cole, J. J., Carpenter, S. R., Kitchell, J. F., Hodgson, J. R., van de Bogert, M. C., Bade, D. L., Kritzberg, E. S., and Bastviken, D. 2004. Whole-lake carbon-13additions reveal terrestrial support of aquatic food webs. *Nature* 427: 240-243.

Postel, S. L., and Thompson, B. H. Jr. 2005. Watershed protection: Capturing the benefits of nature's water supply services. *Natural Resources Forum* 29: 98-108.

Schindler, D. E., Armstrong, J. B., and Reed, T. E. 2015. The portfolio concept in ecology and evolution. *Frontiers in Ecology and the Environment* 13: 257-263.

Shiklomanov, I. 1993. World fresh water resources. In *Water in Crisis: A Guide to the World's Fresh Water Resources* (P. H. Gleick, editor). Oxford University Press, New York.

Srivastava, D. S., and Vellend, M. 2005. Biodiversity-ecosystem function research: Is it relevant to conservation? *Annual Review of Ecology, Evolution, and Systematics* 36: 267-294.

Tilman, D., Knops, J., Wedin, D., and Reich, P. 2001. Experimental and observational studies of diversity, productivity and stability. In *The*

Functional Consequences of Biodiversity: Empirical Progress and Theoretical Extensions (A. P. Kinzig, S. W. Pacala, and D. Tilman, editors). Princeton University Press, Princeton, NJ.

Vaughn, C. C. 2010. Biodiversity losses and ecosystem function in freshwaters: Emerging conclusions and research directions. *BioScience* 60: 25–35.

第4章

Allendorf, F. W., and Hard, J. J. 2009. Human-induced evolution caused by unnatural selection through harvest of wild animals. *Proceedings of the National Academy of Sciences of the USA* 106: 9987–9994.

Bassar, R. D., Marshall, M. C., López-Sepulcre, A., Zandonà, E., Auer, S. K., Travis, J., Pringle, C. M., Flecker, A. S., Thomas, S. A., Fraser, D. F., and Reznick, D. N. 2010. Local adaptation in Trinidadian guppies alters ecosystem processes. *Proceedings of the National Academy of Sciences of the USA* 107: 3616–3621.

Darimont, C. T., Carlson, S. M., Kinnison, M. T., Paquet, P. C., Reimchen, T. E., and Wilmers, C. C. 2009. Human predators outpace other agents of trait change in the wild. *Proceedings of the National Academy of Sciences of the USA* 106: 952–954.

Foley, J. A., DeFries, R., Asner, G. P., Barford, C., Bonan, G., Carpenter, S. R., Chapin, F. S. III, Coe, M. T., Daily, G. C., Gibbs, H. K., Helkowski, J. H., Holloway, T., Howard, E. A., Kucharik, C. J., Monfreda, C., Patz, J. A., Prentice, I. C., Ramankutty, N., and Snyder, P. K. 2005. Global consequences of land use. *Science* 309: 570–574.

Golley, F. B. 1991. The ecosystem concept: A search for order. *Ecological Research* 6: 129–138.

Grant, C. C., and Scholes, M. C. 2006. The importance of nutrient hotspots in the conservation and management of large wild mammalian herbivores in semi-arid savannas. *Biological Conservation* 130: 426–437.

Haberl, H., Erb, K. H., Krausman, F., Gaube, V., Bondeau, A., Plutzar, C., Gingrich, S., Lucht, W., and Fischer-Kowalski, M. 2007. Quantifying and mapping the human appropriation of net primary production in earth's terrestrial ecosystems. *Proceedings of the National Academy of Sciences of the USA* 104: 12942–12947.

Haddad, N. M., Brudvig, L. A., Clobert, J., Davies, K. F., Gonzalez, A., Holt, R. D., Lovejoy, T. E., Sexton, J. O., Austin, M. P., Collins, C. D., Cook, W. M., Damschen, E. I., Ewers, R. M., Foster, B. L., Jenkins, C. N., King, A. J., Laurance, W. F., Levey, D. J., Margules, C. R., Melbourne, B. A., Nicholls, A. O., Orrock, J. L., Song, D.-X., and Townshend, J. R. 2015. Habitat fragmentation and its lasting impact on Earth's ecosystems. *Science Advances* 1: e1500052.

Hastings, A., Byers, J. E., Crooks, J. A., Cuddington, K., Jones, C. G., Lambrinos, J. G., Talley, T. S., and Wilson, W. G. 2006. Ecosystem engineering in space and time. *Ecology Letters* 10: 153-164.

Holt, R. D. 1995. Linking species and ecosystems: Where's Darwin? In *Linking Species and Ecosystems*. (C. G. Jones and J. H. Lawton, editors). Chapman and Hall, London.

Imhoff, M. L., Bounoua, L., Ricketts, T., Loucks, C., Harriss, R., and Lawrence, W. T. 2004. Global patterns in human consumption of net primary production. *Nature* 429: 870-873.

Jones, C. G., Lawton, J. H., and Shachak, M. 1994. Organisms as ecosystem engineers. *Oikos* 69: 373-386.

Kareiva, P., and Wennergren, U. 1995. Connecting landscape patterns to ecosystem and population processes. *Nature* 373: 299-373.

Krausmann, F., Erb, K.-H., Gingrich, S., Haberl, H., Bondeau, A., Gaube, V., Lauk, C., Plutzar, C., and Searchinger, T. D. 2013. Global human appropriation of net primary production in the twentieth century. *Proceedings of the National Academy of Sciences of the USA* 110: 10324-10329.

Leibold, M. A., Holyoak, M., Mouquet, N., Amarasekare, P., Chase, J. M., Hoopes, M. F., Holt, R. D., Shurin, J. B., Law, R., Tilman, D., Loreau, M., and Gonzalez, A. 2004. The metacommunity concept: A framework for multi-scale community ecology. *Ecology Letters* 7: 601-613.

Louv, R. 2005. *Last Child in the Woods: Saving Our Children from Nature-deficit Disorder*. Algonquin Books, Chapel Hill, NC. リチャード・ルーフ著『あなたの子どもには自然が足りない』早川書房, 2006 年.

Martinson, H. M., and Fagan, W. F. 2014. Trophic disruption: A meta-analysis of how habitat fragmentation affects resource consumption

in terrestrial arthropod systems. *Ecology Letters* 17: 1178–1189.
Naiman, R. J., Johnston, C. A., and Kelley, J. C. 1988. Alteration of North American streams by beaver. *BioScience* 38: 753–762.
Olsen, E. M., Heino, M., Lilly, G. R., Morgan, M. J., Brattey, J., Ernande, B., and Dieckmann, U. 2004. Maturation trends indicative of rapid evolution preceded the collapse of northern cod. *Nature* 428: 932–935.
O'Neill, R. V. 2001. Is it time to bury the ecosystem concept? (With full military honors, of course!). *Ecology* 82: 3275–3284.
Polis, G. A., and Hurd, S. D. 1995. Extraordinarily high spider densities on islands: Flow of energy from the marine to terrestrial food webs and the absence of predation. *Proceedings of the National Academy of Sciences of the USA* 92: 4382–4386.
Polis, G. A., Power, M. E., and Huxel, G. R. (editors). 2004. *Food Webs at the Landscape Level*. University of Chicago Press, Chicago.
Pringle, R. M., Doak, D. F., Brody, A. K., Jocqué, R., and Palmer, T. M. 2010. Spatial pattern enhances ecosystem functioning in an African savanna. *PLoS Biol* 8(5): e 1000377.
Reznick, D. N., Shaw, F. H., Rodd, F. H., and Shaw, R. G. 1997. Evaluation of the rate of evolution in natural populations of guppies (Poecilia reticulata). *Science* 275: 1934–1937.
Schmitz, O. J., Hawlena, D., and Trussell, G. C. 2010. Predator control of ecosystem nutrient dynamics. *Ecology Letters* 13: 1199–1209.
Schmitz, O. J. 2013. Terrestrial food webs and vulnerability of the structure and functioning of ecosystems to climate. In *Climate Vulnerability: Understanding and Addressing Threats to Essential Resources* (R. Pielke Sr., T. Seastedt, and K. Suding, editors). Academic Press, Elsevier, Cambridge, MA.
Schoener, T. W. 2011. The newest synthesis: understanding the interplay of evolutionary and ecological dynamics. *Science* 331: 426–429.
Seto, K. C., de Groot, R., Bringezu, S., Erb, K., Graedel, T. E., Ramankutty, N., Reenberg, A., Schmitz, O. J., and Skole, D. 2009. Stocks, flows and prospects of land. In *Linkages of Sustainability* (T. Graedel and E. van der Voet, editors). Strüngmann Forum Report, volume 4. MIT Press, Cambridge, MA.
Sinclair, A. R. E., Mduma, S., and Brashares, J. S. 2003. Patterns of pre-

dation in a diverse predator-prey system. *Nature* 425: 288–290.

Strong, D. R., and Frank, K. T. 2010. Human involvement in food webs. *Annual Review of Environment and Resources* 35: 1–23.

Vander Zanden, M. J., Shuter, B. J., Lester, N., and Rasmussen, J. B. 1999. Patterns of food chain length in lakes: A stable isotope study. American Naturalist 154: 406–416.

Vanni, M. J. 2002. Nutrient cycling by animals in freshwater ecosystems. *Annual Review of Ecology and Systematics* 33: 341–370.

Vitousek, P. M., Ehrlich, P. R., Ehrlich, A. H., and Matson, P. A. 1986. Human appropriation of the products of photosynthesis. *BioScience* 36: 368–373.

Wilcove, D. S., Rothstein, D., Dubow, J., Phillips, A., and Losos, E. 1998. Quantifying threats to imperiled species in the United States. *BioScience* 48: 607–615.

第5章

Beaugrand, G., Edwards, M., and Legendre, L. 2010. Marine biodiversity, ecosystem functioning, and carbon cycles. *Proceedings of the National Academy of Sciences of the USA* 107: 10120–10124.

Beddington, J. R., Agnew, D. J., and Clark, C. W. 2007. Current problems in the management of marine fisheries. *Science* 316: 1713–1716.

Brashares, J. S., Arcese, P., Sam, M. K., Coppolillo, P. B., Sinclair, A. R. E., and Balmford, A. 2004. Bushmeat hunting, wildlife declines, and fish supply in West Africa. *Science* 306: 1180–1183.

Carpenter, S. R., and Brock, W. A. 2006. Rising variance: A leading indicator of ecological transition. *Ecology Letters* 9: 311–318.

Carpenter, S. R., Brock, W. A., Cole, J. J., Kitchell, J. F., and Pace, M. L. 2008. Leading indicators of trophic cascades. *Ecology Letters* 11: 128–138.

Chapin, F. S. III, Folke, C., and Kofinas, G. P. 2009. A framework for understanding change. In *Principles of Ecosystem Stewardship: Resilience-based Natural Resource Management in a Changing World* (F. S. Chapin, G. Kofinas, and C. Folke, editors). Springer, New York.

Commoner, B. 1971. *The Closing Circle: Nature, Man and Technology.* Random House, New York.

Dawson, T. P., Rounsevell, M. D. A., Kluvánková-Oravská, T., Chobo-

tová, V., and Stirling, A. 2010. Dynamic properties of complex adaptive eco systems: implications for the sustainability of service provision. *Biodiversity Conservation* 19: 2843-2853.
Dobson, A. P., Lodge, D., Alder, J., Cumming, G. S., Keymer, J., McGlade, J., Mooney, H., Rusak, J. A., Sala, O., Wolters, V., Wall, D., Winfree, R., and Xenopoulos, M. A. 2006. Habitat loss, trophic collapse, and the decline of ecosystem services. *Ecology* 87: 1915-1924.
Folke, C., Carpenter, S. R., Elmqvist, T., Gunderson, L., Holling, C. S., and Walker, B. 2002. Resilience and sustainable development: building adaptive capacity in a world of transformations. *Ambio* 31: 437-440.
Frank, K. T., Petrie, B., and Shackell, N. L. 2007. The ups and downs of trophic control in continental shelf ecosystems. *Trends in Ecology and Evolution* 22: 236-242.
Gunderson, L. H. 2000. Ecological resilience—in theory and application. *Annual Review of Ecology and Systematics* 31: 425-439.
Hutchings, J. A., and Myers, R. A. 1995. The biological collapse of Atlantic cod off Newfoundland and Labrador: An exploration of historical changes in exploitation, harvesting technology, and management. In *The North Atlantic Fishery: Strengths, Weaknesses, and Challenges* (R. Arnason and L. F. Felt, editors). Institute of Island Studies, University of Prince Edward Island, Charlottetown, PEI.
Keohane, N. O., and Olmstead, S. M. 2007. Chapter 7: Stocks that grow: The economics of renewable resource management. In *Markets and the Environment*. Island Press, Washington, DC.
Kricher, J. 2009. *The Balance of Nature: Ecology's Enduring Myth*. Princeton University Press, Princeton, NJ.
Lear, W. H. 1998. History of fisheries in the northwest Atlantic. *Journal of Northwest Atlantic Fisheries Science* 23: 41-73.
Levin, S. A. 1998. Ecosystems and the biosphere as complex adaptive systems. *Ecosystems* 1: 431-436.
Levin, S. A., Xepapadeas, T., Crépin, A.-S., Norberg, J., de Zeeuw, A., Folke, C., Hughes, T., Arrow, K., Barrett, S., Daily, G., Ehrlich, P., Kautsky, N., Mäler, K.-G., Polasky, S., Troell, M., Vincent, J. R., and Walker, B. 2013. Social-ecological systems as complex adaptive systems: Modeling and policy implications. *Environment and Develop-*

ment Economics 18: 111-132.

Liu, J., Dietz, T., Carpenter, S. R., Alberti, M., Folke, C., Moran, E., Pell, A. N., Deadman, P., Kratz, T., Lubchenco, J., Ostrom, E., Ouyang, Z., Provencher, W., Redman, C. L., Schneider, S. H., and Taylor, W. W. 2007. Complexity of coupled human and natural systems. *Science* 317: 1513-1516.

Machlis, G. E., Force, J. E., and Burch, W. R. 1997. The human ecosystem Part I: The human ecosystem as an organizing concept in ecosystem management. *Society and Natural Resources* 10: 347-367.

Meadows, D. H. 2008. *Thinking in Systems*. Chelsea Green Publishing Company, White River Junction, VT.

O'Neill, R. V., and Kahn, J. R. 2000. Homo economus as a keystone species. *BioScience* 50: 333-337.

Rowcliffe, J. M., Milner-Gulland, E. J., and Cowlinshaw, G. 2005. Do bushmeat consumers have other fish to fry? *Trends in Ecology and Evolution* 20: 274-276.

Schmitz, O. J. 2005. Scaling from plot experiments to landscapes: Studying grasshoppers to inform forest ecosystem management. *Oecologia* 145: 225-234.

Schmitz, O. J. 2009. Perspectives on sustainability of ecosystem services and functions. In *Linkages of Sustainability* (T. Graedel and E. van der Voet, editors). Strüngmann Forum Report, volume 4. MIT Press, Cambridge, MA.

Schmitz, O. J. 2010. *Resolving Ecosystem Complexity*. Princeton University Press, Princeton, NJ.

Worm, B., Hilborn, R., Baum, J. K., Branch, T. A., Collie, J. S., Costello, C., Fogarty, M., Fulton, E. A., Hutchings, J. A., Jennings, S., Jensen, O. P., Lotze, H. K., Mace, P. M., McClanahan, T. R., Minto, C., Palumbi, S. R., Parma, A. M., Ricard, D., Rosenberg, A. A., Watson, R., and Zeller, D. 2009. Rebuilding global fisheries. *Science* 325: 578-584.

第 6 章

Beschta. R. L., and Ripple, W. J. 2006. River channel dynamics following extirpation of wolves in northwestern Yellowstone National Park, USA. *Earth Surface Processes and Landforms* 31: 1525-1539.

Chapin, F. S. III, Kofinas, G. P., and Folke, C. (editors). 2009. *Principles of Ecosystem Stewardship: Resilience-based Natural Resource Management in a Changing World.* Springer, New York.

Chapin, F. S. III, Power, M. E., Pickett, S. T. A., Freitag, A., Reynolds, J. A., Jackson, R. B., Lodge, D. M., Duke, C., Collins, S. L., Power, A. G., and Bartuska, A. 2011. Earth stewardship: Science for action to sustain the human-earth system. *Ecosphere* 2: art 89 doi 10.1890/ES 11-00166.1.

Costanza, R., de Groot, R., Sutton, P., van der Ploeg, S., Anderson, S. J., Kubiszewski, I., Farber, S., and Turner, R. K. 2014. Changes in the global value of ecosystem services. *Global Environmental Change* 26: 152–158.

Dawson, T. P., Rounsevell, M. D. A., Kluvánková-Oravská, T., Chobotová, V., and Stirling, A. 2010. Dynamic properties of complex adaptive eco systems: Implications for the sustainability of service provision. *Biodiversity Conservation* 19: 2843–2853.

Hobbs, R. J., and Harris, J. A. 2001. Restoration ecology: Repairing the Earth's ecosystems in the new millennium. *Restoration Ecology* 9: 239–246.

Howden, S. M., Soussana, J.-F., Tubiello, F. N., Chhetri, N. B., Dunlop, M., and Meinke, H. 2007. Adapting agriculture to climate change. *Proceedings of the National Academy of Sciences of the USA* 104: 19691–19696.

Jeffries, R. L., Rockwell, R. F., and Abraham, K. F. 2004. Agricultural food subsidies, migratory connectivity and large-scale disturbance in arctic coastal systems: A case study. *Integrative and Comparative Biology* 44: 130–139.

Jones, H. P., and Schmitz, O. J. 2009. Rapid recovery of damaged ecosystems. *PloS One* 4: e5653. doi 10.1371/journal.pone.0005653.

Kellert, S. R., and Wilson, E. O. 1993. *The Biophilia Hypothesis*. Island Press, Washington, DC.

Levin, S. A., Xepapadeas, T., Crépin, A.-S., Norberg, J., de Zeeuw, A., Folke, C., Hughes, T., Arrow, K., Barrett, S., Daily, G., Ehrlich, P., Kautsky, N., Mäler, K.-G., Polasky, S., Troell, M., Vincent, J. R., and Walker, B. 2013. Social-ecological systems as complex adaptive systems: Modeling and policy implications. *Environment and Develop-*

ment Economics 18: 111–132.

Liu, J., Mooney, H., Hull, V., Davis, S. J., Gaskell, J., Hertel T., Lubchenco, J., Seto, K. C., Gleick, P., Kremen, C., and Li, S. 2015. Systems integration for global sustainability. *Science* 347, 1258832. doi 10.1126/science.1258832.

Mace, G. M. 2014. Whose conservation? *Science* 345: 1558–1560.

Marshall, K. N., Hobbs, N. T., and Cooper, D. J. 2013. Stream hydrology limits recovery of riparian ecosystems after wolf reintroduction. *Proceedings of the Royal Society* B 280: 20122977.

Palmer, M. A., Bernhardt, E. S., Schlesinger, W. H., Eshleman, K. N., Foufoula-Georgiou, E., Hendryx, M. S., Lemly, A. D., Likens, G. E., Loucks, O. L., Power, M. E., White, P. S., and Wilcock, P. R. 2010. Mountaintop mining consequences. *Science* 327: 148–149.

Palmer, M. A., and Filoso, S. 2009. Restoration of ecosystem services for environmental markets. *Science* 325: 575–576.

Rey Benayas, J. M., Newton, A. C., Diaz, A., and Bullock, J. M. 2009. Enhancement of biodiversity and ecosystem services by ecological restoration: A meta-analysis. *Science* 325: 1121–1124.

Rockström, J., Steffen, W., Noone, K., Persson, Å., Chapin, F. S. III, Lambin, E. F., Lenton, T. M., Scheffer, M., Folke, C., Schellnhuber, H. J., Nykvist, B., de Witt, C. A., Hughes, T., van der Leeuw, S., Rodhe, H., Sörlin, S., Snyder, P. K., Costanza, R., Svedin, U., Falkenmark, M., Karlberg, L., Corell, R. W., Fabry, V. J., Hansen, J., Walker, B., Liverman, D., Richardson, K., Crutzen, P., and Foley, J. A. 2009. A safe operating space for humanity. *Nature* 461: 472–475.

Schmitz, O. J. 2009. Perspectives on sustainability of ecosystem services and functions. In *Linkages of Sustainability* (T. Graedel and E. van der Voet, editors). Strüngmann Forum Report, volume 4. MIT Press, Cambridge, MA.

Schmitz, O. J. 2013. Terrestrial food webs and vulnerability of the structure and functioning of ecosystems to climate. In *Climate Vulnerability: Understanding and Addressing Threats to Essential Resources* (R. Pielke Sr., T. Seastedt, and K. Suding, editors). Academic Press, Elsevier, Cambridge MA.

Suding, K. N., and Hobbs, R. J. 2009. Threshold models in restoration and conservation: A developing framework. *Trends in Ecology and Ev-*

olution 24: 271–279.

Wilson, E. O. 1984. *Biophilia*. Harvard University Press, Cambridge, MA. エドワード・O. ウィルソン著『バイオフィリア：人間と生物の絆』平凡社，1994年.

第7章

Allenby, B. 1998. Earth systems engineering: The role of industrial ecology in an engineered world. *Journal of Industrial Ecology* 2: 73–93.

Chapin, F. S. III, Folke, C., and Kofinas, G. P. 2009. A framework for understanding change. In *Principles of Ecosystem Stewardship: Resilience-based Natural Resource Management in a Changing World* (F. S. Chapin, G. Kofinas, and C. Folke, editors). Springer, New York.

Chen, W.-Q., and Graedel, T. E. 2012. Anthropogenic cycles of the elements: A critical review. *Environmental Science and Technology* 46: 8574–8586.

Committee on Critical Mineral Impacts on the U.S. Economy. 2008. *Minerals, Critical Minerals, and the U.S. Economy*. The National Academies Press, Washington, DC.

DeAngelis, D. L., Mulholland, P. J., Palumbo, A. V., Steinman, A. D., Huston, M. A., and Elwood, J. W. 1989. Nutrient dynamics and food-web stability. *Annual Review of Ecology and Systematics* 20: 71–95.

Dodds, W. K. 2008. *Humanity's Footprint: Momentum, Impact, and Our Global Environment*. Columbia University Press, New York.

Felson, A. J., and Pickett, S. T. A. 2005. Designed experiments: New approaches to studying urban ecosystems. *Frontiers in Ecology and the Environment* 3: 549–556.

Gómez-Baggethun, E., and Barton, D. N. 2013. Classifying and valuing ecosystem services for urban planning. *Ecological Economics* 86: 235–245.

Gordon, R. B., Bertram, M., and Graedel, T. E. 2006. Metal stocks and sustainability. *Proceedings of the National Academy of Sciences of the USA* 103: 1209–1214.

Graedel, T. E. 1996. On the concept of industrial ecology. *Annual Review of Energy and the Environment* 21: 69–98.

Grove, J. M. 2009. Cities: Managing densely settled social-ecological

systems. In *Principles of Ecosystem Stewardship: Resilience-based Natural Resource Management in a Changing World* (F. S. Chapin, G. Kofinas, and C. Folke, editors). Springer, New York.

Grove, J. M., Cadenasso, M., Pickett, S. T. A., Machlis, G. E., and Burch, W. R. 2015. *The Baltimore School of Urban Ecology: Space, Scale, and Time for the Study of Cities.* Yale University Press, New Haven, CT.

Gunderson, L. H., Holling, C. S. 2002. *Panarchy: Understanding Transformations in Human and Natural Systems.* Island Press, Washington DC.

Hoornweg, D., Bhada-Tata, P., and Kennedy, C. 2013. Environment: Waste production must peak this century. *Nature* 502: 615–617.

Kardan, O., Gozdyra, P., Misic, B., Moola, F., Palmer, L. J., Paus, T., and Berman, M. G. 2015. Neighborhood greenspace and health in a large urban center. *Scientific Reports* 5: 11610.

Kean, S. 2010. Fishing for gold in the last frontier state. *Science* 327: 263–265.

Levin, S. A., Barrett, S., Aniyar, S., Baumol, W., Bliss, C., Bolin, B., Dasgupta, P., Ehrlich, P., Folke, C., Gren, I.-M., Holling, C. S., Jansson, A., Jansson, B.-O., Mäler, K.-G., Martin, D., Perrings, C., and Sheshinski, E. 1998. Resilience in natural and socioeconomic systems. *Environment and Development Economics* 3: 221–262.

Liu, J., Mooney, H., Hull, V., Davis, S. J., Gaskell, J., Hertel, T., Lubchenco, J., Seto, K. C., Gleick, P., Kremen, C., and Li, S. 2015. Systems integration for global sustainability. *Science* 347, 1258832. doi 10.1126/science.1258832.

Lombardi, D. R., and Laybourn, P. 2012. Redefining industrial symbiosis. *Journal of Industrial Ecology* 16: 28–37.

Loreau, M. 1995. Consumers as maximizers of matter and energy flow in ecosystems. *American Naturalist* 145: 22–42.

Pickett, S. T. A., and Cadenasso, M. 2008. Linking ecological and built components of urban mosaics: An open cycle of ecological design. *Journal of Ecology* 96: 8–12.

Schmitz, O. J. 2009. Perspectives on sustainability of ecosystem services and functions. In *Linkages of Sustainability* (T. Graedel and E. van der Voet, editors). Strüngmann Forum Report, volume 4. MIT

Press, Cambridge, MA.
Schmitz, O. J., and Graedel, T. E. 2010. The consumption conundrum: Driving the destruction abroad. Yale E360.
Schumpeter, J. A. 2008. *Capitalism, Socialism and Democracy*, 3rd edition. Harper Perennial Modern Classics, New York. ヨーゼフ・シュンペーター著『資本主義，社会主義，民主主義』日経 BP，2016 年.
Seitzinger, S., Svedin, U., Crumley, C. L., Steffen, W., Abdullah, S. A., Alfsen, C., Broadgate, W. J., Biermann, F., Bondre, N. R., Dearing, J. A., Deutsch, L., Dhakal, S., Elmqvist, T., Farahbakhshazad, N., Gaffney, O., Haberl, H., Lavorel, S., Mbow, C., McMichael, A. J., deMorais, J. M. F., Olsson, P., Pinho, P. F., Seto, K. C., Sinclair, P., Stafford Smith, M., and Sugar, L. 2012. Planetary stewardship in an urbanizing world: Beyond city limits. *Ambio* 41: 787–794.
Tanner, C. J., Adler, F. R., Grimm, N. B., Groffman, P. M., Levin, S. A., Munshi-South, J., Pataki, D. E., Pavao-Zuckerman, M., and Wilson, W. G. 2014. Urban ecology: Advancing science and society. Frontiers in Ecology and Environment 12: 574–581.
Wu, J. 2014. Urban ecology and sustainability: The state-of-the-science and future directions. *Landscape and Urban Planning* 125: 209–221.
Zheng, H., Robinson, B. E., Lian, Y.-C., Polasky, S., Ma, D.-C., Wang, F.-C., Ruckelshaus, M., Ouyang, Z.-Y., and Daily, G. C. 2013. Benefits, costs, and livelihood implications of a regional payment for ecosystem service program. *Proceedings of the National Academy of Sciences of the USA* 110: 16681–16686.

第 8 章

Alberti, M. 2015. Eco-evolutionary dynamics in an urbanizing planet. *Trends in Ecology and Evolution* 30: 114–126.
Donihue, C. M., and Lambert, M. R. 2015. Adaptive evolution in urban eco systems. *Ambio* 44: 194–203.
Jetz, W., McPherson, J. M., and Guralnick, R. P. 2012. Integrating biodiversity distribution knowledge: Toward a global map of life. *Trends in Ecology and Evolution* 27: 151–159.
Leopold, A. 1966. Song of the Gavilan (page 153) in *A Sand County Almanac with other Essays on Conservation from Round River*. Oxford University Press, Oxford, UK.

文献一覧

Levin, S. A. 1999. *Fragile Dominion: Complexity and the Commons*. Perseus Publishing, Cambridge, MA. サイモン・レヴィン著『持続不可能性：環境保全のための複雑系理論入門』文一総合出版，2003 年.
Mace, G. M. 2014. Whose conservation? *Science* 345: 1558-1560.
McGill, B. J., Dornelas, M., Gotelli, N. J., and Magurran, A. E. 2015. Fifteen forms of biodiversity trend in the Anthropocene. *Trends in Ecology and Evolution* 30: 104-113.
Naeem, S., Duffy, J. E., and Zavaleta, E. 2012. The functions of biological diversity in an age of extinction. *Science* 336: 1401-1406.
Schmitz, O. J. 2007. *Ecology and Ecosystem Conservation*. Island Press, Washington DC.

＊URL がリンク切れのものは掲載しなかった。

原　注

(1) 米国疾病予防管理センター(CDC)は，人口密度の高い大都市圏や蚊の繁殖地が多い地域での農薬散布を奨励している。しかし，その散布は正当なものなのだろうか？　CDCのデータによると，2009年から2013年までの5年間に，全米で報告された西ナイルウイルス感染症は720件から5,674件の間であった。そのうち約半数が脳炎と髄膜炎を引き起こしている。平均して，これらの症例の10%が致死的なものである。別の言い方をすると，報告されているすべての場合のうち，人が感染した場合には，米国で西ナイルウイルス病によって死ぬ確率は5%である。これは，死亡率が高いように見えるかもしれないが，犠牲者の割合は，国全体の人口ではなく，感染した人の割合で表されている。2013年の米国国勢調査局のデータによると，当時の米国の人口は316,128,839人だった。2009年から2013年の間に報告された最高レベルの感染率で考えると，1年間に西ナイルウイルスの感染によって全米で死亡する人がいるリスクは限りなく小さくなる。それに比べて，米国では毎年，何らかのがんで死亡する確率が2,000倍，シャワーで滑った後に死亡する確率は675倍である。米国において西ナイルウイルス感染で死ぬ確率は，雷に打たれて死ぬ確率に匹敵する。口先だけの話ではない。人間集団における病気の発生は，当然のことながら懸念の原因となる。しかし，西ナイルウイルス病と闘うための農薬散布は，病気そのものに感染するリスクが低い場合には，環境の他の部分への潜在的な危険性と比較して検討する必要があるだろう。

(2) 動物が非常に高い濃度の化学物質に耐性があることが研究で明らかになっているが，これらの知見は個々の種を対象とした実験室での試験に基づいている。化学物質にさらされた個体を，その後，捕食者などの自然環境に似た条件で飼育すると，異なる結果が得られる。例えば，軽度の化学物質にさらされたカエルのオタマジャクシは，化学物質にさらされていないオタマジャクシに比べて，泳ぎが鈍く，泳ぎ方がわからなくなる傾向がある。このような亜致死影響は，曝露されたオタマジャクシが捕食者から逃げにくくなり，その結果，非曝露個体よりも高い捕食圧を受ける可能性がある。農薬の

原　注

散布は動物を直接殺さないので安全と考えられるかもしれないが，これは動物を他の死亡リスクにさらす可能性があるのである。

岩波新書より

社会

ジョブ型雇用社会とは何か	濱口桂一郎
法医学者の使命「人の死を生かす」ために	吉田謙一
異文化コミュニケーション学	鳥飼玖美子
モダン語の世界へ	山室信一
時代を撃つノンフィクション100	佐高信
労働組合とは何か	木下武男
プライバシーという権利	宮下紘
地域衰退	宮﨑雅人
江戸問答	田中優子・松岡正剛
広島平和記念資料館は問いかける	志賀賢治
コロナ後の世界を生きる	村上陽一郎編
リスクの正体	神里達博
紫外線の社会史	金凡性
「勤労青年」の教養文化史	福間良明
5G 次世代移動通信規格の可能性	森川博之
客室乗務員の誕生	山口誠
「孤独な育児」のない社会へ	榊原智子
放送の自由	川端和治
社会保障再考〈地域〉で支える	菊池馨実
生きのびるマンション	山岡淳一郎
虐待死 なぜ起きるのか、どう防ぐか	川崎二三彦
平成時代	吉見俊哉
バブル経済事件の深層	奥山俊宏・村山治
日本をどのような国にするか	丹羽宇一郎
なぜ働き続けられない？社会と自分の力学	鹿嶋敬
物流危機は終わらない	首藤若菜
認知症フレンドリー社会	徳田雄人
アナキズム 一丸となってバラバラに生きろ	栗原康
まちづくり都市 金沢	山出保
総介護社会	小竹雅子
賢い患者	山口育子
住まいで「老活」	安楽玲子
現代社会はどこに向かうか	見田宗介
EVと自動運転 クルマをどう変えるか	鶴原吉郎
ルポ 保育格差	小林美希
棋士とAI	王銘琬
科学者と軍事研究	池内了
原子力規制委員会	新藤宗幸
東電原発裁判	添田孝史
日本問答	田中優子・松岡正剛
日本の無戸籍者	井戸まさえ
〈ひとり死〉時代のお葬式とお墓	小谷みどり
町を住みこなす	大月敏雄
歩く、見る、聞く 人びとの自然再生	宮内泰介
対話する社会へ	暉峻淑子
悩みいろいろ	金子勝
魚と日本人 食と職の経済学	濱田武士
ルポ 貧困女子	飯島裕子

岩波新書より

3・11 複合被災◆　外岡秀俊
子どもの声を社会へ　桜井智恵子
就職とは何か　森岡孝二
日本のデザイン　原　研哉
ポジティヴ・アクション　辻村みよ子
脱原子力社会へ　長谷川公一
希望は絶望のど真ん中に　むのたけじ
福島 原発と人びと　広河隆一
アスベスト 広がる被害　大島秀利
原発を終わらせる　石橋克彦編
日本の食糧が危ない　中村靖彦
勲章 知られざる素顔　栗原俊雄
希望のつくり方　玄田有史
生き方の不平等◆　白波瀬佐和子
同性愛と異性愛　風間　孝・河口和也
贅沢の条件　山田登世子
新しい労働社会　濱口桂一郎
世代間連帯　上野千鶴子・辻元清美
道路をどうするか　五十嵐敬喜・小川明雄

子どもの貧困　阿部　彩
子どもへの性的虐待　森田ゆり
戦争絶滅へ、人間復活へ　むのたけじ・黒岩比佐子聞き手
テレワーク 「未来型労働」の現実　佐藤彰男
反貧困　湯浅　誠
不可能性の時代　大澤真幸
地域の力　大江正章
少子社会日本　山田昌弘
親米と反米　吉見俊哉
「悩み」の正体　香山リカ
変えてゆく勇気◆　上川あや
戦争で死ぬ、ということ　島本慈子
ルポ 改憲潮流　斎藤貴男
社会学入門　見田宗介
冠婚葬祭のひみつ　斎藤美奈子
少年事件に取り組む　藤原正範
悪役レスラーは笑う◆　森　達也
いまどきの「常識」　香山リカ
働きすぎの時代◆　森岡孝二

桜が創った「日本」　佐藤俊樹
生きる意味　上田紀行
ルポ 戦争協力拒否　吉田敏浩
社会起業家◆　斎藤　槙
ウォーター・ビジネス　中村靖彦
逆システム学◆　金子　勝・児玉龍彦
男女共同参画の時代　鹿嶋　敬
当事者主権　中西正司・上野千鶴子
豊かさの条件　暉峻淑子
クジラと日本人　大隅清治
人生案内　落合恵子
若者の法則　香山リカ
自白の心理学　浜田寿美男
原発事故はなぜくりかえすのか　高木仁三郎
日本の近代化遺産　伊東　孝
証言 水俣病　栗原　彬編
日の丸・君が代の戦後史◆　田中伸尚
コンクリートが危ない　小林一輔

岩波新書より

東京国税局査察部	立石勝規
バリアフリーをつくる	光野有次
ドキュメント 屠場	鎌田慧
能力主義と企業社会	熊沢誠
現代社会の理論	見田宗介
原発事故を問う	七沢潔
災害救援	野田正彰
スパイの世界	中薗英助
都市開発を考える	大野輝之 レイコ・ハベ・エバンス
ディズニーランドという聖地	能登路雅子
原発はなぜ危険か	田中三彦
豊かさとは何か	暉峻淑子
農の情景	杉浦明平
異邦人は君ヶ代丸に乗って	金賛汀
読書と社会科学	内田義彦
科学文明に未来はあるか	野坂昭如編著
文化人類学への招待◆	山口昌男
ビルマ敗戦行記	荒木進
プルトニウムの恐怖	高木仁三郎
日本の私鉄	和久田康雄
社会科学における人間	大塚久雄
沖縄ノート	大江健三郎
音から隔てられて	入谷仙介 林瓢介 編
民話	関敬吾
唯物史観と現代〔第二版〕	梅本克己
民話を生む人々	山代巴
死の灰と闘う科学者	三宅泰雄
米軍と農民	阿波根昌鴻
沖縄からの報告	瀬長亀次郎
結婚退職後の私たち	塩沢美代子
暗い谷間の労働運動	大河内一男
ユダヤ人	J-P・サルトル 安堂信也訳
社会認識の歩み	内田義彦
社会科学の方法	大塚久雄
自動車の社会的費用◆	宇沢弘文
上海	殿木圭一
現代支那論	尾崎秀実

(2021.10)　◆は品切，電子書籍版あり．(D4)

岩波新書/最新刊から

1909 **幕末社会** 須田努著

動きだす百姓、主張する若者、個性的な女性――幕末維新を長い変動過程として捉え、先の見えない時代を懸命に生きた人びとを描く。

1910 **民俗学入門** 菊地暁著

普通の人々の日々の暮らしから、「人間にかかわることすべて」を捉える。人々の歴史から世界を編みなおす、「共同研究」への誘い。

1911 **俳句と人間** 長谷川櫂著

生老病死のすべてを包み込むことができる俳句の宇宙に、癌になった俳人があらためて向き合う。「図書」好評連載、待望の書籍化。

1912 **人権と国家** ―理念の力と国際政治の現実― 筒井清輝著

今や政府・企業・組織・個人のどのレベルでも求められる「人権力」とは何か。国際人権の歴史・制度・実践と課題が一冊でわかる。

1913 **政治責任** 民主主義とのつき合い方 鵜飼健史著

「政治に無責任はつきものだ」という諦念と政治不信が渦巻く中、現代社会における政治責任をめぐるもどかしさの根源を究明する。

1914 **土地は誰のものか** ―人口減少時代の所有と利用― 五十嵐敬喜著

空き地・空き家問題は解決可能か。外国の制度も参照し、都市計画との連動や「現代総有」の考え方から土地政策を根本的に再考する。

1915 **検証 政治改革** なぜ劣化を招いたのか 川上高志著

平成期の政治改革は当初期待された効果を上げず、副作用ばかり目につくようになった。なぜこうなったのか。新しい政治改革を提言。

1916 **東京大空襲の戦後史** 栗原俊雄著

苦難の戦後を生きざるを得なかった東京大空襲の被害者たち。彼ら彼女らの闘いの跡をたどり、「戦後」とは何であったのかを問う。

(2022. 3)